高等职业教育工业机器人技术专业规划教材

工业机器人编程及应用

主　编　向艳芳　胡月霞

副主编　吴利清　徐　娟

中国水利水电出版社
www.waterpub.com.cn

·北京·

内 容 提 要

本书基于编者多年工业机器人技术应用教学和实践的经验，结合工业机器人工程实践，精选典型实用的案例，分析详尽完整，讲解通俗易懂，充分体现“以例促学、以例带学”的任务驱动理念，帮助初学者掌握工业机器人示教编程的精髓，轻松学会运用面向对象的编程思想解决实际问题。全书采用项目驱动形式优化教材，使教学内容与工程实践有效结合。

本书内容深入浅出，涵盖工业机器人认知、简单移动工业机器人、工业机器人搬运物料、工业机器人堆叠物料、工业机器人喷涂、工业机器人快递打包分拣、工业机器人视觉识别和工业机器人离线编程等，可作为高职院校机械制造与自动化、数控技术、工业工程、装备制造等专业的“工业机器人”课程教材，也可作为从事智能制造领域、工业机器人技术领域工作的人员，参加机器人相关比赛的学员及工业机器人爱好者的参考书。

图书在版编目（CIP）数据

工业机器人编程及应用 / 向艳芳，胡月霞主编. --
北京 : 中国水利水电出版社，2021.2
高等职业教育工业机器人技术专业规划教材
ISBN 978-7-5170-9286-5

Ⅰ. ①工… Ⅱ. ①向… ②胡… Ⅲ. ①工业机器人－程序设计－高等职业教育－教材 Ⅳ. ①TP242.2

中国版本图书馆CIP数据核字(2020)第262180号

策划编辑：石永峰　　责任编辑：石永峰　　封面设计：梁　燕

书　　名	高等职业教育工业机器人技术专业规划教材 工业机器人编程及应用 GONGYE JIQIREN BIANCHENG JI YINGYONG
作　　者	主　编　向艳芳　胡月霞 副主编　吴利清　徐　娟
出版发行	中国水利水电出版社 （北京市海淀区玉渊潭南路 1 号 D 座　100038） 网址：www.waterpub.com.cn E-mail：mchannel@263.net（万水） sales@waterpub.com.cn 电话：（010）68367658（营销中心）、82562819（万水）
经　　售	全国各地新华书店和相关出版物销售网点
排　　版	北京万水电子信息有限公司
印　　刷	三河市鑫金马印装有限公司
规　　格	184mm×260mm　16 开本　11 印张　270 千字
版　　次	2021 年 2 月第 1 版　2021 年 2 月第 1 次印刷
印　　数	0001—3000 册
定　　价	32.00 元

前　言

工业机器人作为先进制造业中不可替代的重要装备，已成为衡量一个国家制造业水平和科技水平的重要标志。工业机器人顺应时代发展，行业前景广阔，然而该领域人才供需失衡的矛盾却日益凸显。一方面是机器人厂商、系统集成商和汽车加工制造业求贤若渴，另一方面是人才供给不足，难以满足企业用人需求。究其原因，主要是相对于近年来国内机器人产业所表现出来的爆发性发展态势，高校、职校及其他培训机构的课程设置仍然滞后、配套教材不足，尚不能与全国各地求学者的需要很好地契合。

基于此，本书综合考虑工业机器人的发展现状，结合高等职业教育的教学实际情况，围绕应用型工程实践案例进行知识点讲解，并遵循“工学结合、项目引导、任务驱动、教学做一体化”原则进行编写。全书脉络清晰，各章知识点完整详尽，章与章之间内容相对独立，却又连贯始终。本书章节难度呈阶梯式递增，内容由浅入深，全面渗透工业机器人应用案例的示教编程过程，使教学内容与工程实践有效结合。

全书共分为八个项目。项目一概要地介绍了工业机器人的基础知识和基本操作，包括机器人分类及应用、工业机器人的组成；项目二至项目六创建了 5 个工业机器人在应用中的典型案例，包括机器人行走轨迹、搬运物料、码垛、喷涂和打包分拣，详细讲述了这些案例所用的编程指令、示教编程与再现过程中使用的示教器操作界面、操作机器人的步骤和方法，让读者通过典型应用的学习掌握工业机器人操作与编程的方法和技巧；项目七和项目八为扩展项目，讲述了视觉系统和离线编程系统在工业机器人中的应用，使读者能熟练使用视觉软件和离线编程软件的各功能模块来完成机器人的视觉识别和离线编程。

本书在编写过程中，注重对编程技巧和经验的渗透，努力做到内容新颖、概念清晰、实用性强、通俗易懂，帮助读者夯实技术基础和提高综合应用能力。

本书由湖南工业职业技术学院向艳芳、吴利清、徐娟和包头轻工职业技术学院胡月霞共同编写，具体编写分工如下：项目一和项目四由徐娟编写，项目二和项目三由胡月霞编写，项目五和项目八由向艳芳编写，项目六和项目七由吴利清编写。参与本书编写的还有湖南工业职业技术学院廖志远、刘苗和杨晓东。由于时间仓促及编者水平有限，书中不足和疏漏之处在所难免，恳请读者批评指正。

编　者

2020 年 10 月

目　　录

学习项目一　初识工业机器人

- 掌握工业机器人的分类和组成。
- 理解工业机器人坐标系的意义。
- 熟悉 HSpad 示教器的操作界面和基本功能。
- 通过学习掌握收集、分析、整理资料的技能。

任务 1.1　工业机器人的分类、应用及特点

初识工业机器人工作任务单

<table>
<tr><td>项　　目</td><td colspan="7">初识工业机器人</td></tr>
<tr><td>学习任务</td><td colspan="5">任务 1.1：工业机器人的分类、应用及特点</td><td>完成时间</td><td></td></tr>
<tr><td>任务完成人</td><td>学习小组</td><td></td><td>组长</td><td></td><td>成员</td><td colspan="2"></td></tr>
<tr><td>任务要求</td><td colspan="7">掌握：1．工业机器人的分类；
　　　2．工业机器人的特点。</td></tr>
<tr><td>任务载体和资讯</td><td colspan="5">华数工业机器人</td><td colspan="2">要求：
根据任务载体了解工业机器人的定义、分类方法及特点。
资讯：
工业机器人相关国家标准。</td></tr>
<tr><td>资料查询情况</td><td colspan="7"></td></tr>
<tr><td>完成任务注意点</td><td colspan="7">1．了解工业机器人的定义和分类；
2．学会查阅相关国家标准。</td></tr>
</table>

1.1.1 工业机器人的分类和应用

国家标准 GB/T12643—2013 将工业机器人定义为：自动控制的、可重复编程、多用途的操作机，可对三个或三个以上轴进行编程。它可以是固定式或移动式，在工业自动化中使用。

工业机器人目前还没有统一的分类标准。根据不同的要求可进行不同的分类。

1. 按坐标形式分类（图 1-1）

（1）直角坐标型。机器人末端执行器（手部）空间位置的改变是通过沿着三个互相垂直的直角坐标 X、Y、Z 的移动来实现的。

（2）圆柱坐标型。机器人末端执行器（手部）空间位置的改变是通过沿着两个移动坐标和一个旋转坐标的移动来实现的。

（3）球坐标型。又称极坐标型，机器人手臂的运动由一个直线运动和两个转动完成，即沿 X 轴的伸缩、绕 Y 轴的俯仰和绕 Z 轴的回转。

（4）关节型。又称回转坐标式，分为垂直关节坐标和平面（水平）关节坐标。

（a）直角坐标型

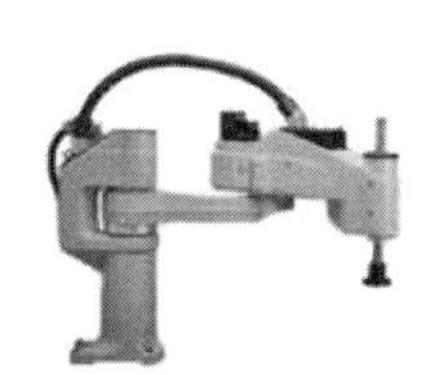
（b）圆柱坐标型

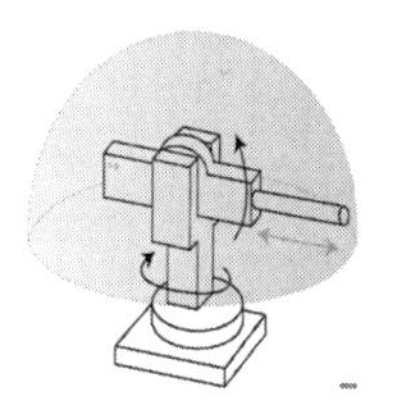
（c）球坐标型

（d）关节型

图 1-1　按坐标形式分类

以上四种类型的工业机器人各自的特点见表 1-1。

表 1-1　不同类型工业机器人的特点

序号	类型	优点	缺点
1	直角坐标型	很容易通过计算机控制实现，容易达到高精度	妨碍工作，占地面积大，运动速度低，密封性不好
2	圆柱坐标型	计算简单，直线部分可采用液压驱动，可输出较大的动力，能够伸入型腔式机器内部	手臂可以到达的空间受到限制，不能到达近立柱或近地面的空间；直线驱动部分难以密封和防尘；后臂工作时，手臂后端会碰到工作范围内的其他物体
3	球坐标型	中心支架附近的工作范围大，两个转动驱动装置容易密封，覆盖工作空间较大	球坐标复杂，难于控制，且直线驱动装置存在密封问题
4	关节型	可以实现多方向的自由运动，工作空间大	其控制涉及复杂耦合问题，是最为复杂的一种机器人

2. 按驱动方式分类

（1）液压式。液压驱动机器人通常由液动机（各种油缸、油马达）、伺服阀、油泵、油箱等组成驱动系统，由驱动机器人的执行机构进行工作。通常它具有很大的抓举能力（高达几百公斤以上），特点是结构紧凑、动作平稳、耐冲击、耐震动、防爆性好，但液压元件要求有较高的制造精度和密封性能，否则漏油将污染环境。

（2）气动式。其驱动系统通常由气缸、气阀、气罐和空压机组成，特点是气源方便、动作迅速、结构简单、造价较低、维修方便，但难以进行速度控制，气压不可太高，故抓举能力较低。

（3）电动式。电力驱动是目前机器人使用得最多的一种驱动方式。其特点是电源方便，响应快，驱动力较大，信号检测、传递、处理方便，并可以采用多种灵活的控制方案。驱动电机一般采用步进电机、直流伺服电机和交流伺服电机（其中交流伺服电机为目前主要的驱动形式）。由于电机速度高，故通常采用减速机构（如谐波传动、RV 摆线针轮传动、齿轮传动、螺旋传动和多杆式机构等）。目前，有些机器人已开始采用无减速机构的大转矩、低转速的电机进行直接驱动（DD），这既可以使机构简化，又可以提高控制精度。

3. 按控制方式分类

（1）点位控制。只控制机器人末端执行器目标点的位置和姿态，而对从空间的一点到另一点的轨迹不进行严格控制。这种控制方式简单，适合上下料、点焊、搬运等作业。

（2）连续轨迹控制。不仅要控制目标点的位置精度，而且要对运动轨迹进行控制，比较复杂。采用这种控制方式的机器人常用于焊接、喷漆和检测作业中。

4. 按自由度数量分类

操作机本身的轴数（自由度数）最能反映机器人的工作能力，也是分类的重要依据。按这一分类要求，机器人可分为 4 轴（自由度）、5 轴（自由度）、6 轴（自由度）、7 轴（自由度）等机器人。

5. 按用途分类（图 1-2）

（1）搬运机器人。这种机器人用途很广，一般只需点位控制，即被搬运零件无严格的运动轨迹要求，只要求始点和终点位姿（位置和姿态的简称）准确。如机床上用的上下料机器人、工件堆垛机器人，注塑机配套用的机械等。

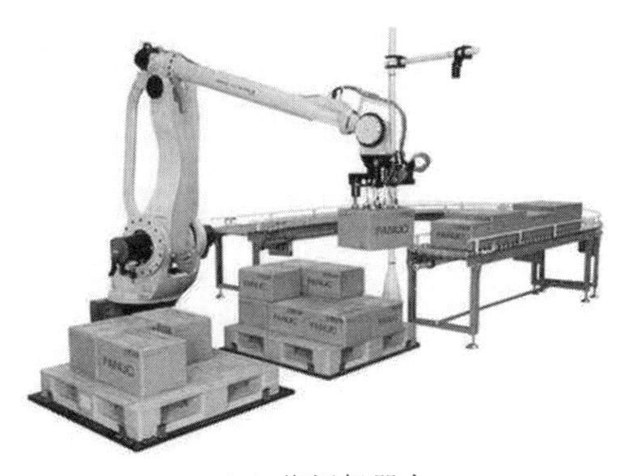

（a）搬运机器人

（b）喷涂机器人

图 1-2　按用途分类

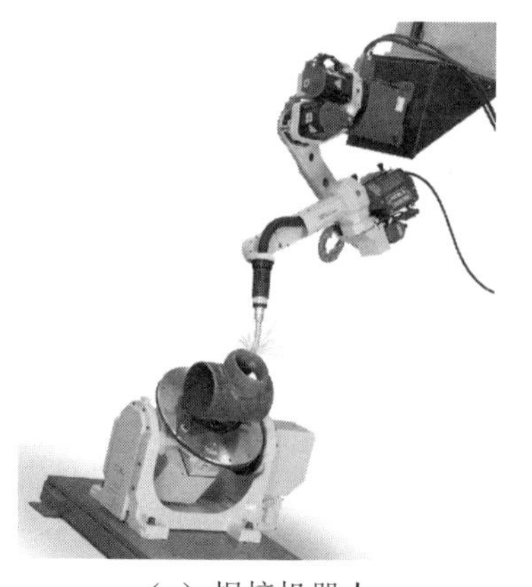

（c）焊接机器人

（d）装配机器人

图 1-2　按用途分类（续）

（2）喷涂机器人。这种机器人多用于喷漆生产线上，重复位姿精度要求不高。但由于漆雾易燃，一般采用液压驱动或交流伺服电机驱动。

（3）焊接机器人。这是目前使用最多的一类机器人，它又可以分为点焊和弧焊两类。

（4）装配机器人。装配机器人要有较高的位姿精度，手腕具有较大的柔性，目前大多用于机电产品的装配作业。

1.1.2　工业机器人的特点

自 20 世纪 60 年代初第一代机器人在美国问世以来，工业机器人的研制和应用飞速发展，工业机器人最显著的特点归纳为以下几个：

（1）可编程。生产自动化的进一步发展是柔性自动化。工业机器人可随其工作环境变化的需要而再编程，因此它在小批量、多品种、均衡高效率的柔性制造过程中能发挥很好的功用，是柔性制造系统（FMS）中的一个重要组成部分。

（2）拟人化。工业机器人在机械结构上有类似人的腿、腰、大臂、小臂、手腕、手爪等部分，在控制上有电脑。此外，智能化工业机器人还有许多类似人类的“生物传感器”，如皮肤型接触传感器、力传感器、负载传感器、视觉传感器、声觉传感器、语言功能等。传感器提高了工业机器人对周围环境的自适应能力。

（3）通用性。除了专门设计的专用工业机器人外，一般工业机器人在执行不同的作业任务时具有较好的通用性。比如，更换工业机器人手部末端操作器（手爪、工具等）便可执行不同的作业任务。

（4）机电一体化。工业机器人技术涉及的学科相当广泛，但是归纳起来是机械学和微电子学的结合——机电一体化技术。第三代智能机器人不仅具有获取外部环境信息的各种传感器，而且还具有记忆能力、语言理解能力、图像识别能力、推理判断能力等人工智能，这些都和微电子技术的应用，特别是计算机技术的应用密切相关。因此，机器人技术的发展必将带动其他技术的发展，机器人技术的发展和应用水平也可以验证一个国家科学技术和工业技术的发展水平。

<table>
<tr><td>项　　目</td><td colspan="7">初识工业机器人</td></tr>
<tr><td>学习任务</td><td colspan="5">任务 1.1：工业机器人的分类、应用及特点</td><td>完成时间</td><td></td></tr>
<tr><td>任务完成人</td><td>学习小组</td><td></td><td>组长</td><td></td><td>成员</td><td colspan="2"></td></tr>
<tr><td colspan="8">1．简述工业机器人的定义。</td></tr>
<tr><td colspan="8">2．简述工业机器人的主要应用领域。</td></tr>
</table>

任务 1.2　工业机器人的组成

初识工业机器人工作任务单

<table>
<tr><td>项　　目</td><td colspan="7">初识工业机器人</td></tr>
<tr><td>学习任务</td><td colspan="5">任务 1.2：工业机器人的组成</td><td>完成时间</td><td></td></tr>
<tr><td>任务完成人</td><td>学习小组</td><td></td><td>组长</td><td></td><td>成员</td><td colspan="2"></td></tr>
<tr><td>任务要求</td><td colspan="7">掌握：1. 工业机器人的本体结构；
2. 工业机器人驱动系统的组成；
3. 工业机器人控制系统的组成。</td></tr>
<tr><td>任务载体
和资讯</td><td colspan="4">华数工业机器人</td><td colspan="3">要求：
根据任务载体了解工业机器人的组成。
资讯：
1. 工业机器人的本体结构；
2. 工业机器人驱动系统的组成；
3. 工业机器人控制系统的组成。</td></tr>
<tr><td>资料查询
情况</td><td colspan="7"></td></tr>
<tr><td>完成任务
注意点</td><td colspan="7">1. 工业机器人本体——基座、腰部、臂部、腕部、手部；
2. 工业机器人的驱动装置——交流伺服电机；
3. 工业机器人的控制系统组成。</td></tr>
</table>

工业机器人一般由本体、驱动系统和控制系统三个基本部分组成，如图 1-3 所示。

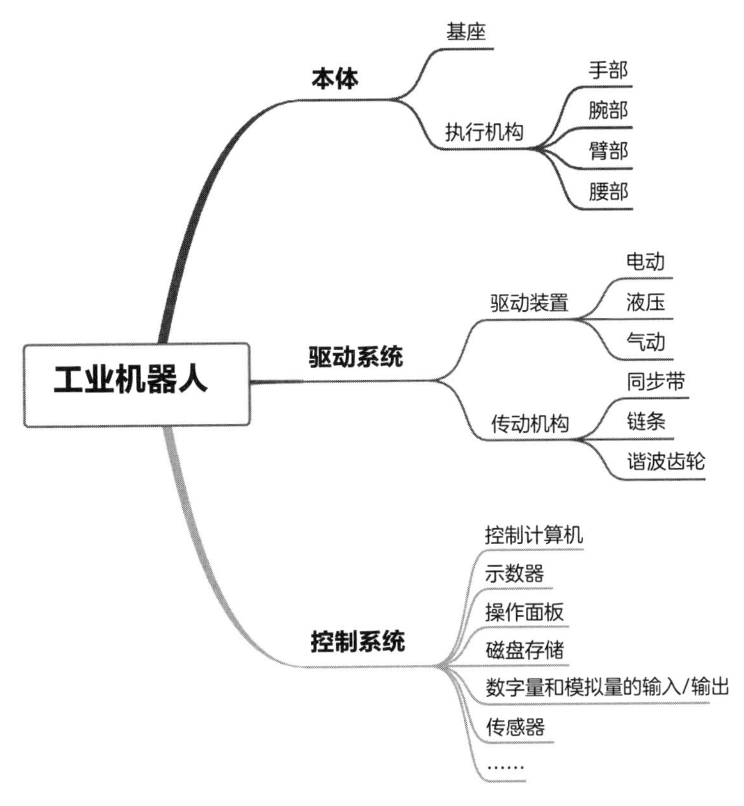

图 1-3　工业机器人的组成

1.2.1　工业机器人本体

工业机器人组成

机器人本体包括基座和执行机构。执行机构是机器人赖以完成工作任务的实体，通常是由一系列连杆、关节或其他形式的运动副组成的空间开链连杆机构。出于拟人化的考虑，常常将机器人本体的有关部位分别称为基座、腰部、臂部（大臂、小臂）、腕部、手部（末端执行器）等。如图 1-4 所示为一典型的六轴工业机器人，J1、J2 和 J3 为定位关节，手腕的位置主要由这 3 个关节决定；J4、J5 和 J6 为定向关节，主要用于改变手腕姿态。

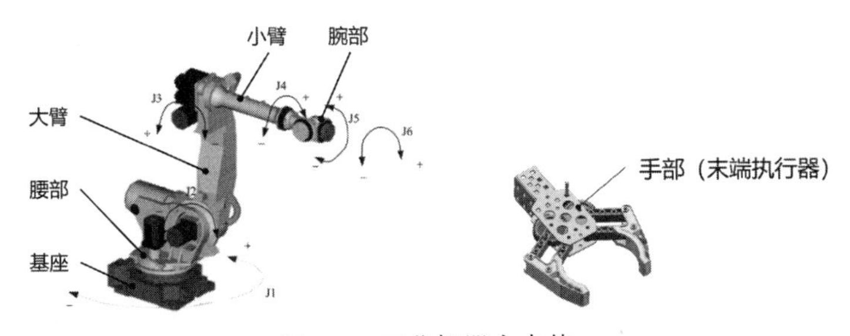

图 1-4　工业机器人本体

1.2.2 工业机器人驱动系统

工业机器人驱动系统包括驱动装置和传动机构，作用是为执行元件提供动力，使机器人能够运行起来。

1. 驱动装置

机器人使用的驱动装置主要有电动、液压和气动 3 种类型，也可以把它们结合起来。

（1）电动驱动。电动驱动装置的能源简单，速度变化范围大，效率高，速度和位置精度都很高。但它们多与减速装置相连，直接驱动比较困难。

电动驱动装置又可分为直流（DC）/交流（AC）伺服电机驱动和步进电机驱动，如图 1-5 所示。直流伺服电机电刷易磨损，且易形成火花。无刷直流电机也得到了越来越广泛的应用。步进电机驱动多为开环控制，控制简单但功率不大，多用于低精度小功率机器人系统。

（a）直流伺服电机

（b）交流伺服电机

（c）步进电机

图 1-5 常用电动机

（2）液压驱动。液压驱动是通过高精度的缸体和活塞来完成，它利用缸体和活塞杆的相对运动实现直线运动。

优点：功率大，可省去减速装置直接与被驱动的杆件相连，结构紧凑、刚度好、响应快，具有较高的精度；缺点：需要增设液压源，易产生液体泄漏，不适合高低温场合。

液压驱动目前多用于特大功率的机器人系统。

（3）气压驱动。气压驱动具有结构简单、洁净、速度快、动作灵敏、维修方便、价格低等特点，但与液压驱动装置相比，功率较小、刚度差、噪音大，速度不易控制，所以多用于精度不高的点位控制机器人，如在上下料和冲压机器人中应用较多。

2. 传动机构

传动机构是连接动力源和运动连杆的关键部分，根据关节形式，常用的传动机构形式有直线传动机构和旋转传动机构。

直线传动机构可用于直角坐标机器人的 X/Y/Z 向驱动、圆柱坐标结构的径向驱动和垂直升降驱动、球坐标结构的径向伸缩驱动。直线运动可以通过齿轮齿条、丝杠螺母等传动元件将旋转运动转换成直线运动，也可以由直线驱动电机驱动，还可以直接由气缸或液压缸的活塞产生。

采用旋转传动机构的目的是将电机驱动源输出的较高转速转换成较低转速，并获得较大的力矩。工业机器人中应用较多的旋转传动机构有齿轮链、同步皮带和谐波齿轮。

1.2.3 工业机器人控制系统

机器人控制系统是机器人的大脑，是决定机器人功用和功能的主要要素。控制系统是按照输入的程序对驱动系统和执行机构发送指令信号并进行控制。工业机器人控制技术的主要任务是控制工业机器人在工作空间中的活动范围、姿势和轨迹、动作的时间等，具有编程简单、软件菜单操纵方便、人机交互界面友好、在线操纵提示和运用方便等特点。

工业机器人控制系统一般由控制计算机、示教器和相应的输入输出接口组成，如图 1-6 所示。

（1）控制计算机：控制系统的调度指挥机构，一般为微型机，微处理器有 32 位和 64 位等。

（2）示教器：示教机器人的工作轨迹和参数设定，以及所有人机交互操作，拥有自己独立的 CPU 和存储单元，与主计算机之间以串行通信方式实现信息交互。

（3）操作面板：由各种操作按键、状态指示灯构成，只完成基本功能操作。

（4）磁盘存储器：是存储机器人工作程序的外围存储器。

（5）数字和模拟量输入输出：各种状态和控制命令的输入或输出。

（6）传感器：用于信息的自动检测，实现机器人柔顺控制，一般为力觉、触觉和视觉传感器。

（7）轴控制器：完成机器人各关节位置、速度和加速度控制。

（8）辅助设备控制：用于和机器人配合的辅助设备控制，如手爪变位器等。

（9）通信/网络接口：实现机器人和其他设备的信息交换，一般有串行接口、并行接口、网络接口等。

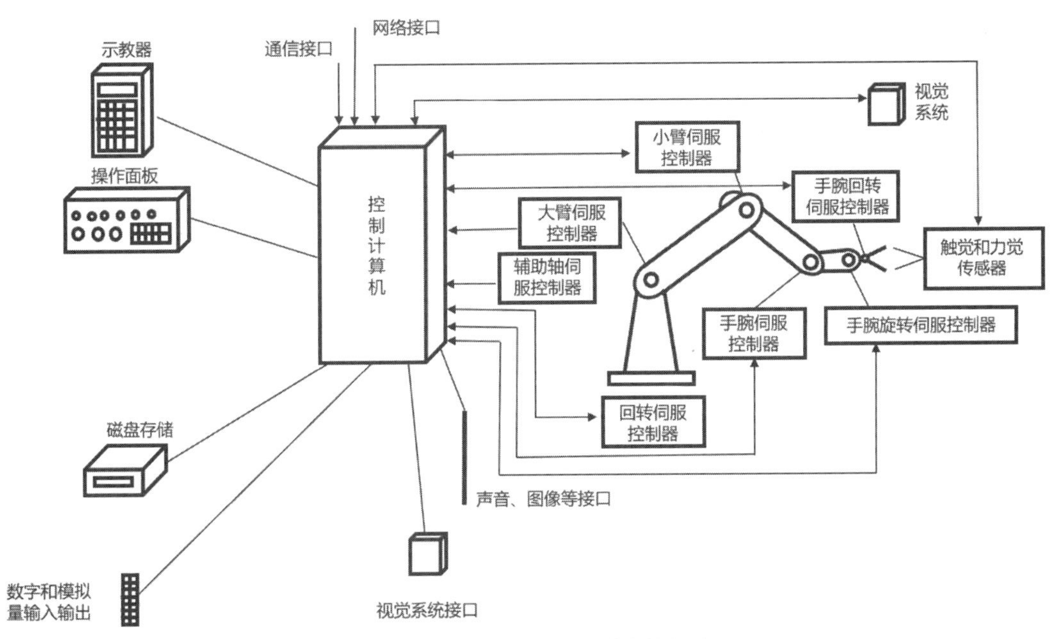

图 1-6　工业机器人控制系统的组成

项　　目	初识工业机器人					
学 习 任 务	任务 1.2：工业机器人的组成				完成时间	
任务完成人	学习小组		组长		成员	

1．请在以下六轴工业机器人的模型上标明其本体的组成。

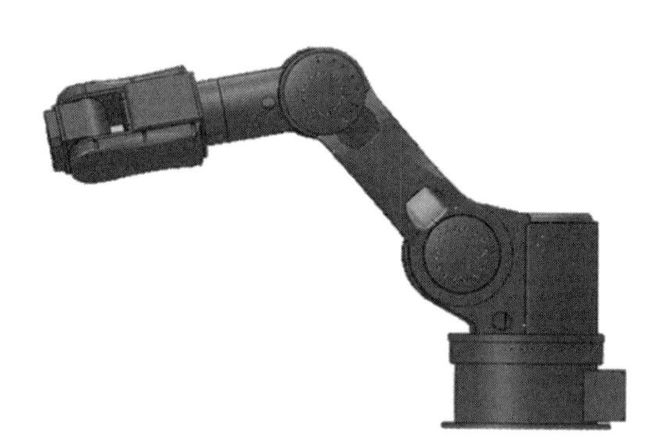

2．简述工业机器人控制系统的组成。

任务 1.3　工业机器人工作环境

初识工业机器人工作任务单

<table>
<tr><td>项　　目</td><td colspan="6">初识工业机器人</td></tr>
<tr><td>学习任务</td><td colspan="4">任务 1.3：工业机器人工作环境</td><td>完成时间</td><td></td></tr>
<tr><td>任务完成人</td><td>学习小组</td><td></td><td>组长</td><td></td><td>成员</td><td></td></tr>
<tr><td>任务要求</td><td colspan="6">掌握：1．工业机器人的坐标系的意义；
2．工业机器人的示教器界面和基本功能；
3．工业机器人的限位设置；
4．工业机器人的零点校准。</td></tr>
<tr><td>任务载体和资讯</td><td colspan="3">华数工业机器人</td><td colspan="2">华数 HSpad 示教器</td><td>要求：
根据任务载体了解工业机器人工作环境。
资讯：
1．工业机器人的坐标系；
2．华数 HSpad 示教器使用说明书。</td></tr>
<tr><td>资料查询情况</td><td colspan="6"></td></tr>
<tr><td>完成任务注意点</td><td colspan="6">1．工业机器人的坐标系的意义；
2．工业机器人的示教器界面和基本功能；
3．工业机器人的软限位设置方法；
4．工业机器人的零点校准方法。</td></tr>
</table>

工业机器人坐标系

1.3.1　工业机器人的坐标系

工业机器人一般有 4 个坐标系，分别为关节坐标系、世界坐标系、工具坐标系和工件坐标系。

1. 关节坐标系

关节坐标系（Joint Coordinate System），又称轴坐标系，是机器人单个轴的运行坐标系，可针对单个轴进行操作。如图 1-7 所示，机器人控制系统对各轴正方向的定义为：J2、J3 和 J5 以“后仰”为正，“前倾”为负；J1、J4 和 J6 满足右手定则，即拇指沿轴线指向机器人末端，则其他四指的指向为正。

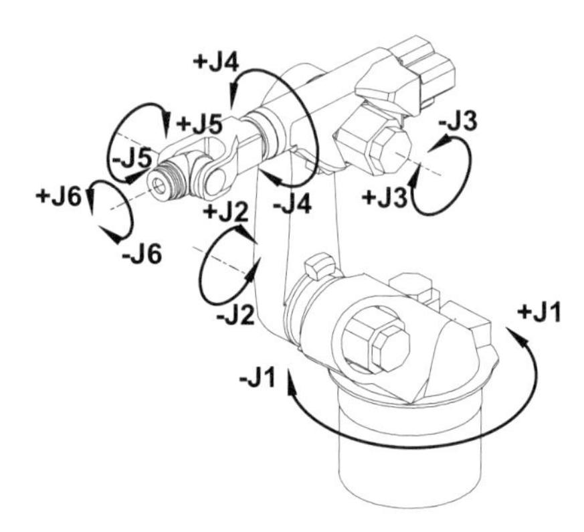

图 1-7 关节坐标系

2. 世界坐标系

世界坐标系（World Coordinate System），又称大地坐标系，是一个固定的笛卡尔坐标系，默认配置中它与机器人默认坐标系是一致的，固定位于机器人底部，原点定义在机器人 1 轴轴线上，是与 2 轴所在水平面的交点。

方向规定：X 轴方向向前，Z 轴方向向上，Y 轴根据右手定则确定，如图 1-8 所示。

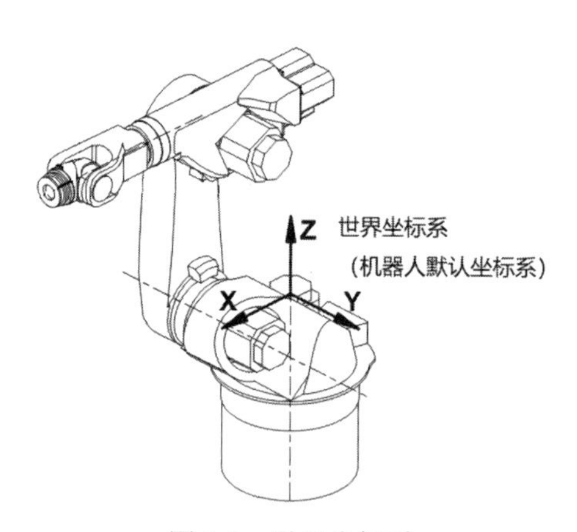

图 1-8 世界坐标系

3. 工具坐标系

工具坐标系（Tool Coordinate System）也是一个笛卡尔坐标系，位于机器人末端，把机器人腕部法兰盘所持工具的有效方向作为 Z 轴，并把坐标定义在工具的尖端点，如图 1-9（a）所示。它的原点和方向都是随着末端位置与角度不断变化的。由于工业机器人末端执行器的种类规格不一，默认 0 号工具坐标系位于 J4、J5 和 J6 轴线共同的交点处，Z 轴与 J6 轴线重合，X 轴与 J5 和 J6 轴线的公垂线重合，Y 轴按右手定则确定，0 号工具坐标系方向如图 1-9（b）所示。

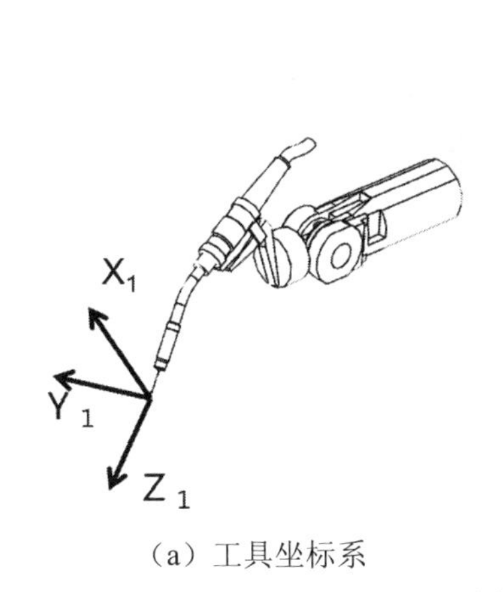

（a）工具坐标系

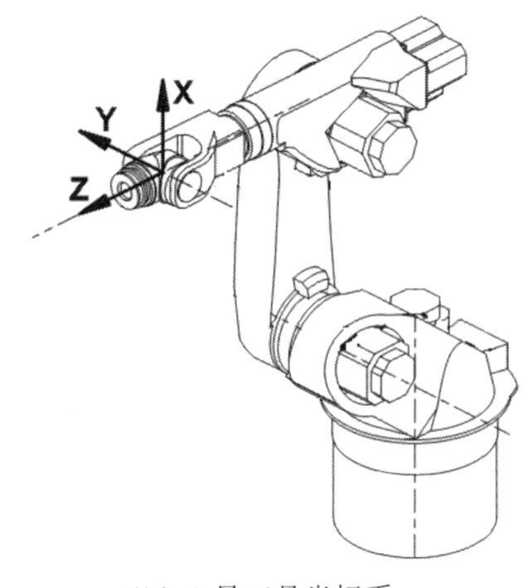

（b）0 号工具坐标系

图 1-9　工具坐标系

4. 工件坐标系

工件坐标系（Work Object Coordinate System），又称基坐标系或用户坐标系，是在机器人动作允许范围内的任意位置设定任意角度的 X、Y、Z 轴，一般定义在工件上，方向由用户自定义，如图 1-10 所示。巧妙地建立和应用工件坐标系可以减少示教点数，简化示教编程过程。

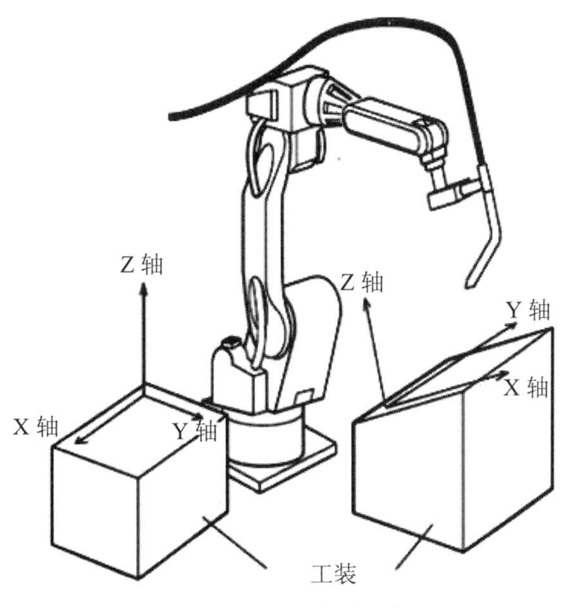

图 1-10　工件坐标系

1.3.2 工业机器人的示教器

工业机器人的示教器主要由液晶屏和操作键组成。示教－再现型机器人的所有操作基本上都是通过示教器来完成的。HSpad 示教器如图 1-11 所示。

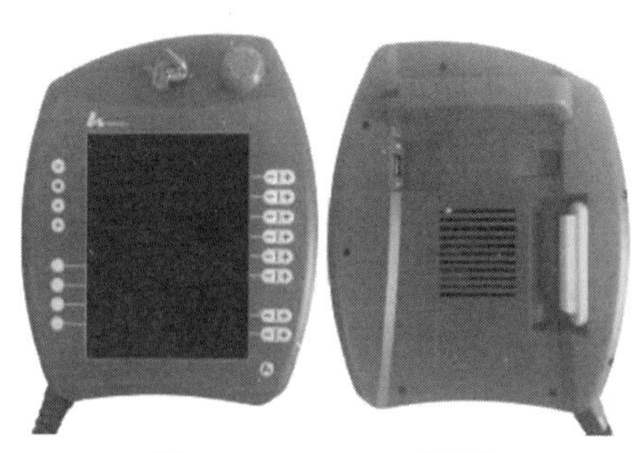

图 1-11 HSpad 示教器

1. HSpad 示教器前部功能简介

HSpad 示教器前部如图 1-12 所示，其上各按钮的功能见表 1-2。

表 1-2 HSpad 示教器前部各按钮的名称及功能

序号	按钮名称	功能
1	钥匙开关	用于连接控制器。只有插入了钥匙后状态才可以被转换，可以通过连接控制器切换运行模式
2	紧急停止按钮	用于在危险情况下使机器人停机
3	点动运行按钮	用于手动移动机器人
4	自动运行倍率调节按钮	用于设定程序调节量
5	手动运行倍率调节按钮	用于设定手动调节量
6	菜单按钮	可进行菜单和文件导航器之间的切换
7	暂停按钮	运行程序时，暂停运行
8	停止按钮	用停止按钮可停止正在运行中的程序
9	预留按钮	以备后期增加功能使用
10	开始运行按钮	在加载程序成功时，单击该按钮后开始运行
11	辅助按钮	可自行设定其功能

2. HSpad 示教器背部功能简介

HSpad 示教器背部如图 1-13 所示，其上各部分的功能见表 1-3。

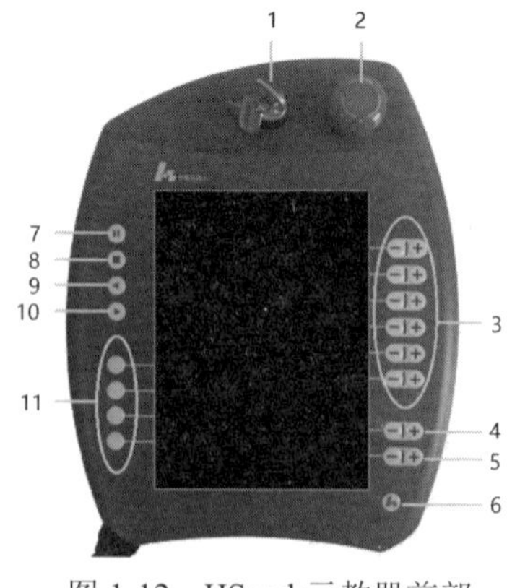

图 1-12 HSpad 示教器前部

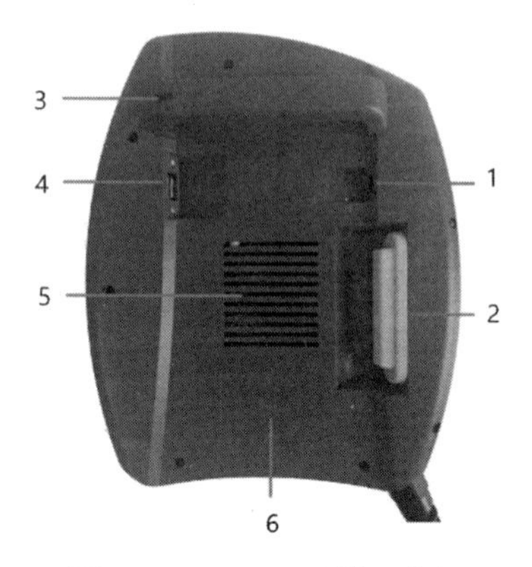

图 1-13 HSpad 示教器背部

表 1-3　HSpad 示教器背部各部分名称及功能

序号	名称	功能
1	调试接口	用于设备调试
2	三段式安全开关	安全开关有 3 个位置：①未按下；②中间位置；③完全按下。在运行方式手动 T1 或手动 T2 中，确认开关必须保持在中间位置方可使机器人运动；在采用自动运行模式时，安全开关不起作用
3	插槽	HSpad 触摸屏手写笔插槽
4	USB 插口	用于 U 盘存档/还原等操作
5	散热口	用于设备散热
6	HSpad 标签型号粘贴处	用于标签粘贴

3. HSpad 示教器的操作界面

HSpad 示教器的操作界面如图 1-14 所示，其上各部分的功能见表 1-4。

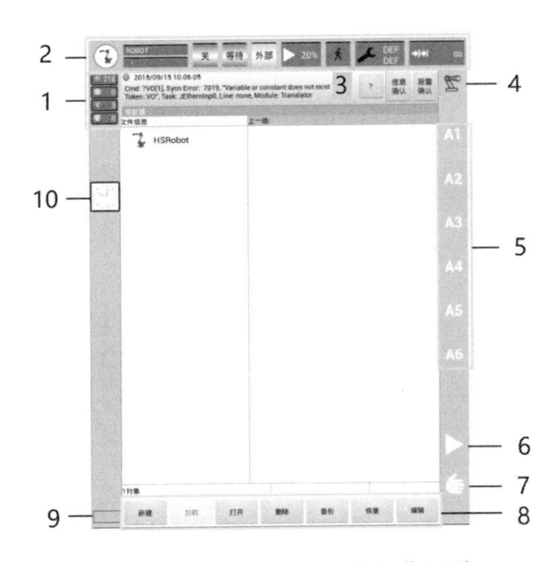

图 1-14　HSpad 示教器的操作界面

表 1-4　HSpad 示教器操作界面各部分名称及功能

序号	名称	功能
1	信息提示计数器	信息提示计数器显示，提示每种信息类型各有多少条等待处理。触摸信息提示计数器可放大显示
2	状态栏	（详细介绍见后）
3	信息窗口	根据默认设置将只显示最后一个信息提示，触摸信息窗口可显示信息列表，列表中会显示所有待处理的信息，可以被确认的信息可用确认按钮确认。信息确认键确认所有除错误信息以外的信息；报警确认按钮确认所有错误信息；“？”按钮可显示当前信息的详细信息
4	坐标系状态	触摸该图标即可显示所有坐标系并进行选择

续表

序号	名称	功能
5	点动运行指示	如果选择了与轴相关的运行，这里将显示轴号（A1、A2 等）；如果选择了笛卡尔式运行，这里将显示坐标系的方向（X、Y、Z、A、B、C）。触摸图标会显示运动系统组选择窗口，选择组后将显示为相应组中所对应的名称
6	自动倍率修调图标	用于机器人外部自动运行时的速度调节
7	手动倍率修调图标	用于手动运行机器人时的速度调节
8	操作菜单栏	用于程序文件的相关操作
9	网络状态	红色为网络连接错误，检查网络线路问题；黄色为网络连接成功，但初始化控制器未完成，无法控制机器人运动；绿色为网络初始化成功，HSpad 正常连接控制器，可控制机器人运动
10	时钟	时钟可显示系统时间，单击时钟图标就会以数码形式显示系统时间和当前系统的运行时间

HSpad 状态栏如图 1-15 所示，各标签含义见表 1-5。

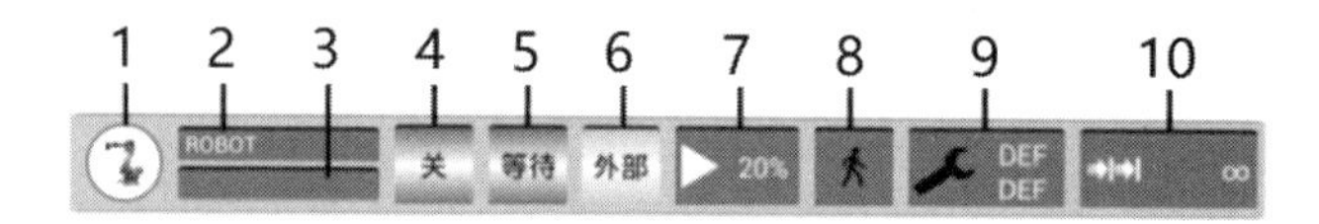

图 1-15 HSpad 示教器的状态栏

表 1-5 HSpad 示教器状态栏各部分名称及功能

序号	名称	功能
1	菜单按钮	功能同菜单按钮
2	机器人名	显示当前机器人的名称
3	加载程序名称	在加载程序之后会显示当前加载的程序名
4	使能状态	绿色并且显示“开”，表示当前使能打开；红色并且显示“关”，表示当前使能关闭。单击可打开使能设置窗口，在自动模式下单击开/关可以设置使能开关状态。窗口中可显示安全开关的按下状态
5	程序运行状态	自动运行时显示当前程序的运行状态
6	模式状态显示	模式可以通过钥匙开关设置，可以设置为手动模式、自动模式、外部模式
7	倍率修调显示	切换模式时会显示当前模式的倍率修调值。触摸会打开设置窗口，可通过加/减按钮以 1%的单位进行加减设置，也可通过滑块左右拖动设置
8	程序运行方式状态	在自动运行模式下只能是连续运行，手动 T1 和手动 T2 模式下可设置为单步或连续运行。触摸会打开设置窗口，在手动 T1 和手动 T2 模式下可单击连续/单步按钮进行运行方式切换
9	激活基坐标/工具显示	触摸会打开窗口，单击工具和基坐标选择相应的工具和基坐标进行设置
10	增量模式显示	在手动 T1 或者手动 T2 模式下触摸可打开窗口，单击相应的选项设置增量模式

4. HSpad 示教器基本功能的认识

单击主菜单图标或按钮，窗口主菜单打开，如图 1-16 所示。

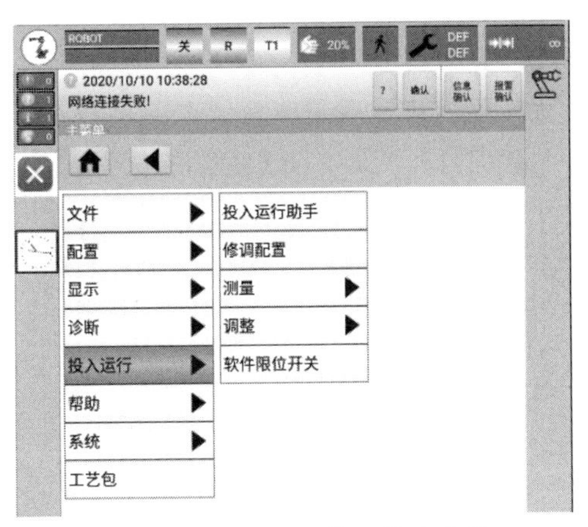

图 1-16　HSpad 示教器的主菜单

HSpad 示教器的基本功能见表 1-6。

表 1-6　HSpad 示教器的基本功能

序号	子菜单名称	主要功能
1	文件	备份还原和锁定密码
2	配置	用户组、机器人配置、保存参数
3	显示	显示信号输入和输出、实际位置、变量列表
4	诊断	查看运行日志
5	投入运行	软限位设置、轴校准、坐标系标定
6	帮助	版本信息、售后服务
7	系统	语言选择、系统清理及重启

1.3.3　工业机器人的限位

工业机器人的工作空间，即机器人手臂能够达到的最大工作范围。实际应用中，机器人的工作范围是包含于 envelope 最大范围之内的，而且还必须有条件地限制机器人在尽可能小的范围内工作。机器人的限位限制一般有三重：软限位、限位开关、机械限位，如图 1-17 所示。

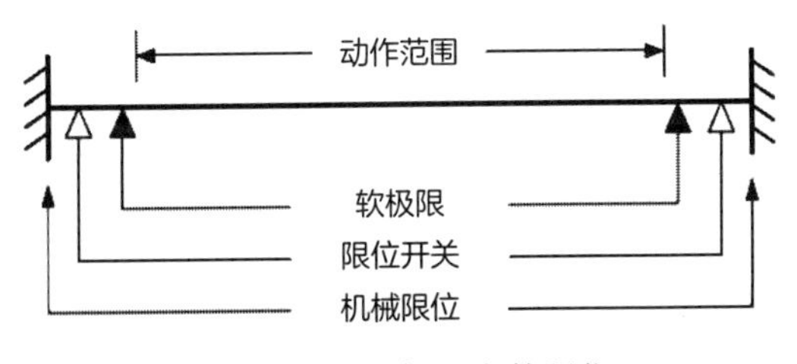

图 1-17　工业机器人的限位

1. 软限位

软限位就是在软件中设定的各轴运动范围限值。关节机器人之所以能在空间里准确到达一个位置，依靠的是各个轴分别从零点开始旋转特定的角度，从而合成出最终的位置。注意，“零点”这个关键词指的是每个关节开始运动的参考点，即 0°。既然机器人可以自己计算每个轴从零点开始转了多少角度，那么自然就可以有一个新的参数：软限位（相对于硬限位）。例如，可以设定 J1 轴正方向 160°，负方向−160°是轴的活动范围，这样，当机器人运动过程中一旦检测到超出这个范围，控制器就让机器人停下来，然后弹出相应错误信息提示超限位了。每个轴都有软限位，通过单击示教器菜单选项“投入运行”→“软件限位开关”可以看到如图 1-18 所示的轴软限位设置界面。

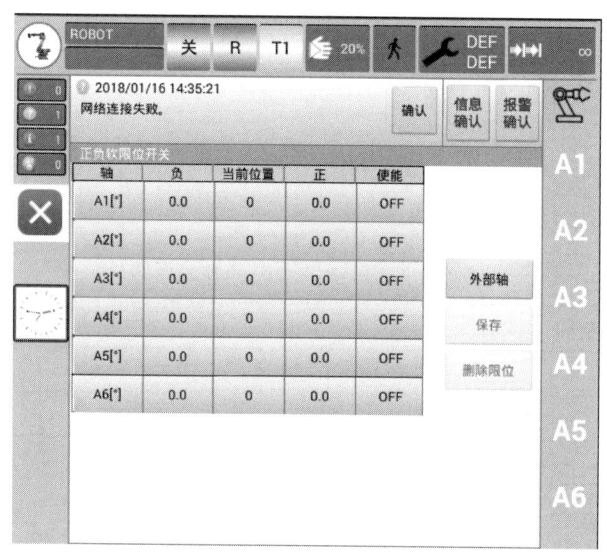

图 1-18 工业机器人的正负软限位设置

设置的具体步骤如下：

（1）单击菜单选项，依次单击“投入运行”→“软件限位开关”。

（2）单击轴 1 栏，设置轴 1 软限位，输入数据，选择使能为 ON，单击“确认”按钮。

（3）依此类推，单击 2～6 栏，分别设置好数据，选择使能为 ON，单击“确认”按钮。

（4）设置完所有轴限位信息后单击“保存”按钮，如果保存成功，提示栏会提示保存成功，此时重启控制器后可以生效；如果保存失败提示保存失败。

注意：在设置限位信息时，负限位的值必须小于正限位的值，软限位设置范围不能超过机器人的最大动作范围。

2. 限位开关（硬限位）

限位开关是电气硬件上对各轴的位置限制，通常类似行程开关。机器人运动到该位置触发开关后报警下电，不能使用取消按钮取消，如果要取消需要在执行开关中将硬限位功能关闭。并不是每个轴都有限位开关。

3. 机械限位

机械限位是机械上的位置限制，通常使用橡胶块等防止硬冲击。比如说限制第一轴旋转角度的机械挡块，如果超出限定位置，必然会被阻挡。使用机械限位的好处是可以在物理空间里准确定位，缺点是如果要达到很精确的定位，机构会变得很复杂，也无法自由调整设定，并不是每个轴都有机械限位。

工业机器人示教器

1.3.4 工业机器人的零点校准

工业机器人在运动前，需要对它的各个轴进行校准。只有在校准以后才能进行笛卡尔运动，将机器人移动到编程位置。

在以下几种情况下，必须对机器人进行校准，否则不能正常运行。

（1）机器人投入运行时。

（2）机器人发生碰撞后。

（3）更换电动机或编码器时。

（4）机器人运行碰撞到硬限位后。

轴校准的操作步骤如下：

步骤 1：手动操作各轴移动至标准零点姿态，如图 1-19 所示。

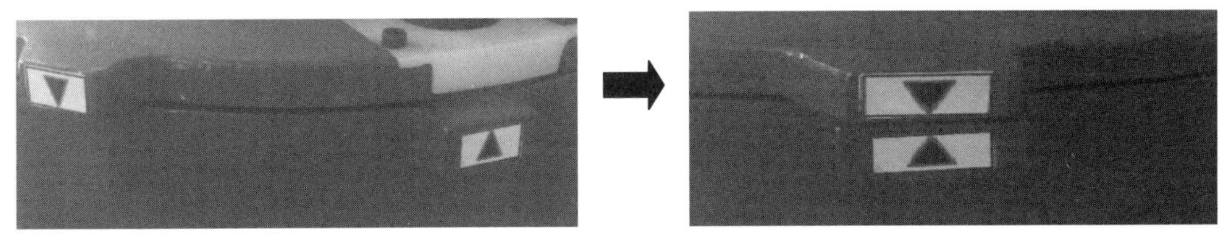

图 1-19　手动操作各轴移动至标准零点姿态

步骤 2：输入各轴零点数值并确认，如图 1-20 所示。

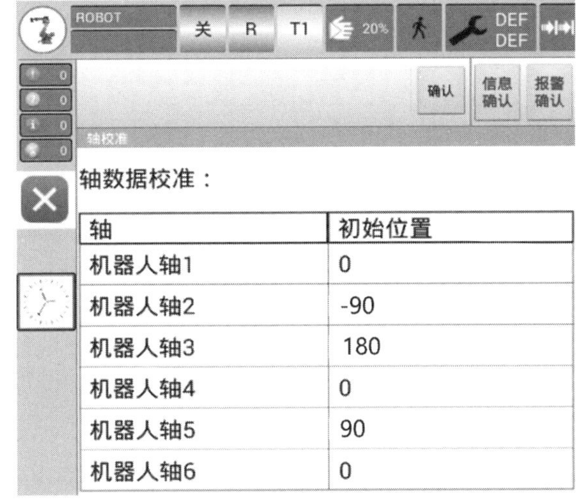

轴	初始位置
机器人轴1	0
机器人轴2	-90
机器人轴3	180
机器人轴4	0
机器人轴5	90
机器人轴6	0

图 1-20　轴数据校准初始位置

任务实施

<table>
<tr><td>项　　目</td><td colspan="6">初识工业机器人</td></tr>
<tr><td>学 习 任 务</td><td colspan="4">任务 1.3：工业机器人的工作环境</td><td>完成时间</td><td></td></tr>
<tr><td>任务完成人</td><td>学习小组</td><td></td><td>组长</td><td></td><td>成员</td><td></td></tr>
<tr><td colspan="7">1．分析工件坐标系的应用场合。</td></tr>
<tr><td colspan="7">2．当 HSpad 示教器异常需要重启时，应如何操作？</td></tr>
<tr><td colspan="7">3．按照下列参数设置机器人的软限位。
A1　−160～160
A2　−160～0
A3　60～240
A4　−200～200
A5　−110～110
A6　−360～360</td></tr>
<tr><td colspan="7">4．检查机器人的机械零点，如有偏差，请自行校准并简述校准步骤。</td></tr>
</table>

学习项目二　简单移动工业机器人

- 掌握工业机器人的坐标系切换
- 掌握工业机器人示教器的操作界面及基本功能
- 能够启动工业机器人
- 能够完成单轴移动的手动操作
- 能够操作示教器控制工业机器人回到参考点
- 能够编辑加载程序

任务 2.1　手动移动工业机器人

简单移动工业机器人工作任务单

项　　目	简单移动工业机器人						
学习任务	任务 2.1：手动移动工业机器人					完成时间	
任务完成人	学习小组		组长		成员		
任务要求	掌握：1．工业机器人单轴运动； 2．工业机器人坐标切换； 3．工业机器人运动速度调节						
任务载体和资讯	手动运行工业机器人					要求： 根据任务载体熟悉工业机器人的单轴运动、坐标切换和速度调节。 资讯： 1．坐标系切换； 2．单轴运动； 3．速度调节。	

资料查询情况	
完成任务注意点	1. 运动速度调节不超过 20%; 2. 注意设备限位要求; 3. 实训中注意安全，严禁打闹。

2.1.1 工业机器人的单轴运动

机器人的运动可以是连续的，也可以是步进的，可以是单轴独立的，也可以是多轴联动的，这些运动都可以通过示教器手动操作来实现。手动运行 HSR-612 工业机器人分为两种方式：一种是每个关节均可以独立地正反方向运动，这种运动是与轴相关的运动，称为关节坐标轴运动；另一种是工具中心点（Tool Center Point，TCP）沿着笛卡尔坐标系正反方向运动，称为笛卡尔坐标轴运动。使用示教器右侧的点动按钮可手动操作机器人关节坐标或笛卡尔坐标轴运动。

机器人的运行模式有两种，即手动模式和自动模式。手动操作机器人应在手动模式下运动，手动模式又有 T1 和 T2 两种，如图 2-1 所示。机器人默认速度：手动 T1 模式 125mm/s，手动 T2 模式 250mm/s，自动模式 1000mm/s。

图 2-1 运动模式

1. 手动倍率修调

手动倍率表示手动运行机器人的速度。它以百分数表示，以机器人在手动运行时的最大可能速度为基准。操作步骤如下：

步骤 1：触摸倍率修调状态图标（图 2-2）打开倍率调节量窗口（图 2-3），按下相应按钮或拖动后倍率将被调节。

图 2-2　倍率修调状态图标

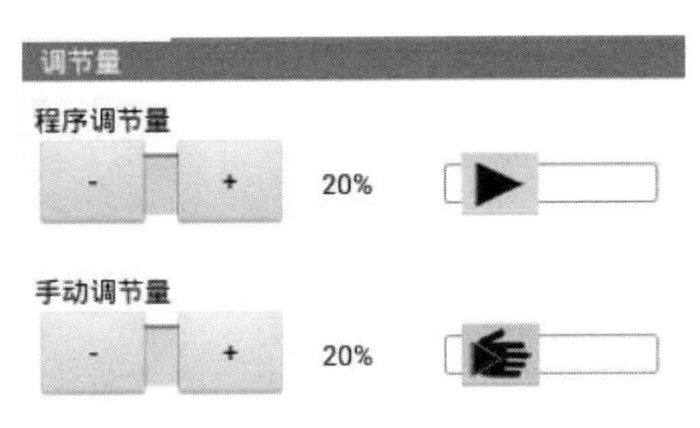

图 2-3　倍率修调状态

步骤 2：设定所要求的手动倍率，可通过正负按钮或调节器进行设定，也可使用示教器右侧的手动倍率正负按钮来设定。

正负按钮：可以 100%、75%、50%、30%、10%、3%、1%步距为单位进行设定。

调节器：可以 1%步距为单位进行设定。

步骤 3：重新触摸状态显示手动方式下的倍率修调图标（或触摸窗口外的区域），窗口关闭并应用所设定的倍率。

注意：若当前为手动方式，则状态栏只显示手动倍率修调值，自动方式时显示自动倍率修调值，单击倍率修调图标后，在窗口中的手动倍率修调值和自动倍率修调值均可设置。

2. 工具坐标和工件坐标选择

HSR-612 机器人控制系统中最多可以存储 16 个工具坐标和 16 个基坐标系。坐标选择的操作步骤如下：

步骤 1：触摸工具、工件坐标系状态图标（图 2-4），打开“选择基坐标/工具”窗口，如图 2-5 所示。

图 2-4　工具、工件坐标系状态图标

图 2-5　“选择基坐标/工具”窗口

步骤 2：选择所需的工具和所需的基坐标。

3. 运行按钮进行与轴相关的移动

在手动模式（T1 或 T2）下，可用示教器右侧的点动按钮进行与轴相关的运动，如图 2-6 所示。操作步骤如下：

步骤 1：选择运行按钮的坐标系统为“轴坐标系”，运行按钮旁边会显示 A1～A6。

步骤 2：设定手动倍率为 30%。

步骤 3：按住安全开关，此时“使能”处于打开状态。

步骤 4：按下正或负运行按钮，使机器人轴朝正或反方向运动。

注意：机器人在运动时的轴坐标位置可以通过“主菜单”→“显示”→“实际位置”查看。若显示的是笛卡尔坐标，可单击右侧的“轴相关”按钮切换。

4. 运行按钮按笛卡尔坐标移动

在手动运行模式（T1 或 T2）下选定好工具和基坐标系，可用运行按钮按笛卡尔坐标移动，操作步骤如下：

步骤 1：选择运行按钮的坐标系（轴坐标系、世界坐标系或工具坐标系）。运行按钮旁边会显示图 2-7 所示的名称，X、Y、Z 用于沿选定坐标系的轴做线性运动，A、B、C 用于沿选定坐标系的轴做旋转运动。

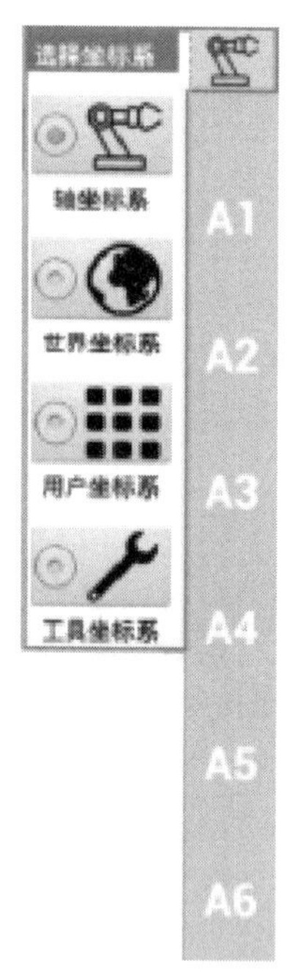

图 2-6 轴（关节）坐标系选择

图 2-7 坐标系选择

步骤 2：设定手动倍率。

步骤 3：按住安全开关，此时使能处于打开状态。

步骤 4：按下正或负运行按钮，使机器人朝正或反方向运动。

5. 增量式手动方式

在手动运行模式（T1 或 T2）时，使用增量式手动运行方式可使机器人移动所选择距离，如 10mm 或 3°，然后机器人自行停止。

运行时可以用运行按钮接通增量式手动运行模式。应用范围：

- 以同等间距进行点的定位；
- 从一个位置移出所定义距离，如在故障情况下；
- 使用测量表调整。

表 2-1 中选项可供使用。

表 2-1　增量式手动运行的设置

设置		说明
持续的	已关闭增量式手动移动	增量单位为 mm，适用于 X、Y 或 Z 方向的笛卡尔运动 增量单位为“°”，适用于 A、B 或 C 方向的笛卡尔运动
100mm/1°	1 增量 =100mm 或 10°	
10mm/3°	1 增量=10mm 或 3°	
1mm/1°	1 增量=1mm 或 1°	
0.1mm/0.005°	1 增量=0.1mm 或 0.005°	

增量式手动运行的操作步骤如下：

步骤 1：单击图 2-8 所示的增量状态图标，打开“增量式手动移动”窗口，选择增量移动方式。

图 2-8　增量式手动模式

步骤 2：用运行按钮运行机器人。可以采用笛卡尔或与轴相关的模式运行。如果已达到设定的增量，则机器人停止运行。

如因放开了安全开关机器人的运动被中断，则在下一个动作中被中断的增量不会继续，而会从当前位置开始一个新的增量。

若机器人已配置附加轴：E1，E2，E3，…，则使用手动按钮依次对应运行。

2.1.2　工业机器人点位示教及保存

1. P变量的点位示教及保存

手动示教主要分为关节移动和直线移动两类，直线移动指在基坐标系、工具坐标系、用户坐标系等几种坐标系下的直线运动。

操作方法：示教器钥匙切换到T1或T2挡，手动使能，移动机器人到工作空间中的目标位置；选择合适的坐标系，使能状态下按紧按钮即可移动机器人，修改记录点的名称，光标位于图2-9所示方框中时可单击记录关节或记录笛卡尔坐标。

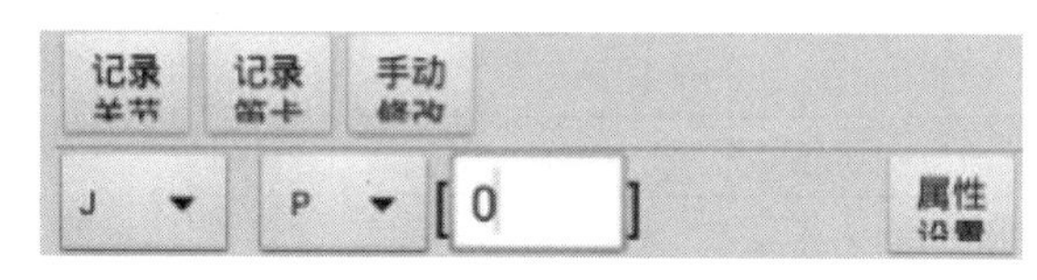

图2-9　关节坐标示教

2. 工业机器人的REF变量点位示教及保存

操作步骤：

步骤1：选择主菜单显示。

步骤2：单击不同变量列表。

步骤3：通过右边的功能按钮可以增加变量。

步骤4：所有修改的操作必须单击“保存”按钮后才能保存。

通过单击REF的方式来获得点位选项，显示REF变量，通过单击“修改”按钮可以通过手动或者记录位置的方式来获得点位，如图2-10和图2-11所示。

序号	说明	名称	值
0		REF[1]	{0,0,0,0,0,0}
1		REF[2]	{0,0,0,0,0,0}
2		REF[3]	{0,0,0,0,0,0}
3		REF[4]	{0,0,0,0,0,0}
4		REF[5]	{0,0,0,0,0,0}
5		REF[6]	{0,0,0,0,0,0}
6		REF[7]	{0,0,0,0,0,0}
7		REF[8]	{0,0,0,0,0,0}

增加　删除　修改　刷新　保存

EXTP　REF　TOOL　BASE　IR　DR　JR　LR　用户变

图2-10　REF变量点位显示

修改坐标

关节　笛卡尔

获取坐标　移动到点

名称	REF[2]
说明	
轴1	0
轴2	0
轴3	0
轴4	0
轴5	0
轴6	0

取消　确定

图2-11　REF变量点位修改

3. 工业机器人的 JR 变量点位示教及保存

单击 JR 选项，显示 JR 变量，选中某一个具体变量后通过单击“修改”按钮获取 JR 寄存器位置，如图 2-12 和图 2-13 所示。

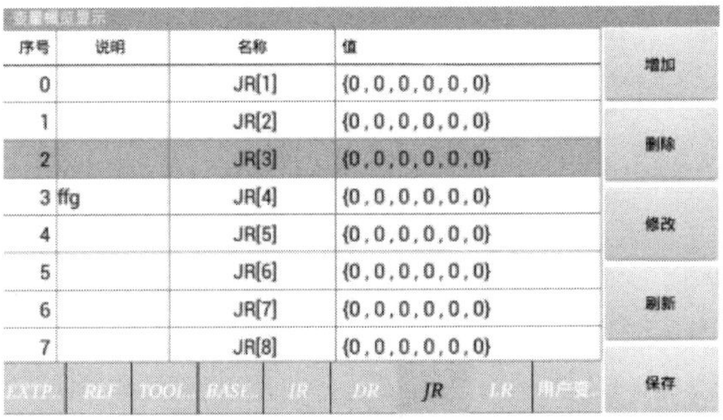

图 2-12 JR 寄存器变量显示

图 2-13 JR 寄存器变量修改

4. 工业机器人的 LR 变量点位示教及保存

单击 LR 选项，显示 LR 变量，选中某一个具体变量后通过单击“修改”按钮获取 LR 寄存器位置，如图 2-14 和图 2-15 所示。

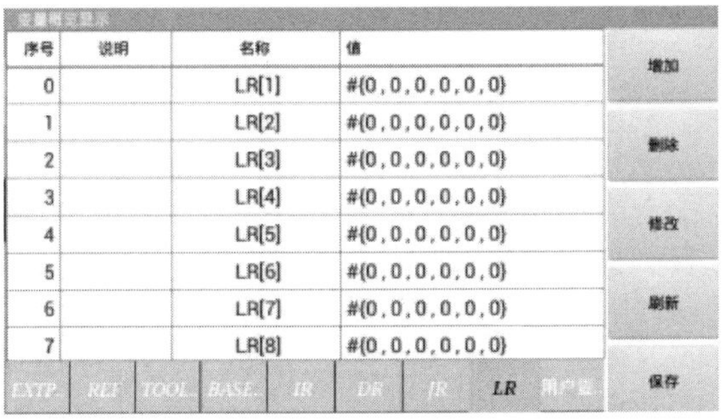

图 2-14 LR 寄存器变量显示

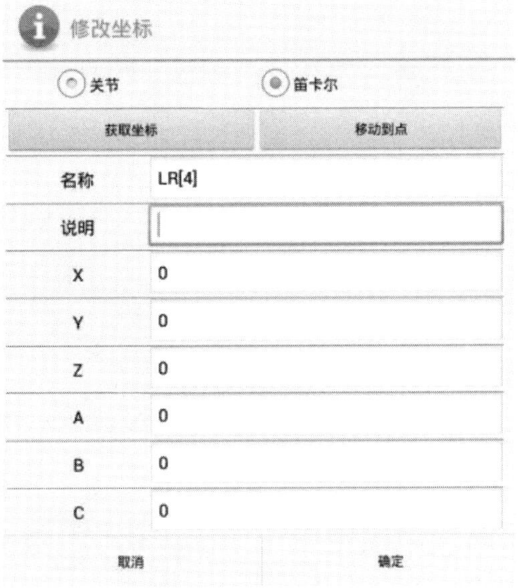

图 2-15 LR 寄存器变量修改

任务实施

<table>
<tr><td>项　　目</td><td colspan="7">简单移动工业机器人</td></tr>
<tr><td>学习任务</td><td colspan="5">任务 2.1：手动移动工业机器人</td><td>完成时间</td><td></td></tr>
<tr><td>任务完成人</td><td>学习小组</td><td></td><td>组长</td><td></td><td>成员</td><td colspan="2"></td></tr>
<tr><td colspan="8">1．单轴运动机器人的注意事项是什么？</td></tr>
<tr><td colspan="8">2．观察机器人关节坐标和世界坐标运动的不同之处。</td></tr>
<tr><td colspan="8">3．说明点位示教的方法及区别。</td></tr>
</table>

任务 2.2　新建、编辑和加载程序

程序新建、编辑与加载

简单移动工业机器人工作任务单

<table>
<tr><td>项　　目</td><td colspan="7">简单移动工业机器人</td></tr>
<tr><td>学习任务</td><td colspan="5">任务 2.2：新建、编辑和加载程序</td><td>完成时间</td><td></td></tr>
<tr><td>任务完成人</td><td>学习小组</td><td></td><td>组长</td><td></td><td>成员</td><td colspan="2"></td></tr>
<tr><td>任务要求</td><td colspan="7">掌握：1．程序的命名；
2．程序的建立和编辑；
3．程序的加载。</td></tr>
<tr><td>任务载体和资讯</td><td colspan="5">工业机器人简单应用</td><td colspan="2">要求：
根据任务载体实现工业机器人的任务编辑和加载。
资讯：
1．程序的建立；
2．程序的编辑；
3．程序的加载运行。</td></tr>
<tr><td>资料查询情况</td><td colspan="7"></td></tr>
<tr><td>完成任务注意点</td><td colspan="7">1．运动速度调节不超过 20%；
2．注意设备限位要求；
3．实训中注意安全，严禁打闹。</td></tr>
</table>

2.2.1 程序的基本信息

程序是为使机器人完成某种任务而设置的动作顺序描述。在示教操作中，产生的数据（如轨迹数据、作业条件、作业顺序等）和机器人指令都将保存在程序中，自动运行时将执行程序以再现所记忆的动作。

常见的程序编写方法有两种：示教编程方法和离线编程方法。

示教编程方法是由操作人员引导，控制机器人运动，记录机器人作业的程序点，并插入所需的机器人命令来完成程序的编写。

离线编程方法是操作人员不对实际作业的机器人直接进行示教，而是在离线编程系统中进行编程或在模拟环境中进行仿真，生成示教数据，通过 PC 间接对机器人进行示教。

示教编程方法包括示教、编辑和轨迹再现，可以通过示教器实现。由于示教方式实用性强、操作简便，因此大部分机器人都采用这种方法。

本任务采用示教编程方法，在操作机器人实现搬运动作之前需要新建一个程序，用来保存示教数据和运动指令。

程序的基本信息包括程序名、程序注释、子类型、组标志、写保护、程序指令和程序结束标志，见表 2-2。

表 2-2 程序基本信息及功能

序号	程序基本信息	功能
1	程序名	用于识别存入控制器内存中的程序，在同一个目录下不能出现包含两个或更多拥有相同程序名的程序，程序名长度不超过 8 个字符，由字母、数字、下划线（_）组成
2	程序注释	程序注释连同程序名一起用来描述、选择界面上显示的附加信息，最长 16 个字符，由字母、数字、符号（_,@,*）组成。新建程序后可在程序选择之后修改程序注释
3	子类型	用于设置程序文件的类型，目前本系统只支持机器人程序这一类型
4	组标志	设置程序操作的动作组，必须在程序执行前设置，目前本系统只有一个操作组，默认的操作组是组 1（1,*,*,*,*）
5	写保护	指定该程序可否被修改，若设置为“是”，则程序名、注释、子类型、组标志等不可修改；若设置为“否”，则程序信息可修改。当程序创建且操作确定后，可将此项设置为“是”来保护程序，防止他人或自己误修改
6	程序指令	包括运动指令、寄存器指令等示教中涉及的所有指令
7	程序结束标志	程序结束标志（END）自动显示在程序的最后一条指令的下一行。只要有新的指令添加到程序中，程序结束标志就会在屏幕上向下移动，所以程序结束标志总是在最后一行，当系统执行完最后一条程序指令，执行到程序结束标志时，就会自动返回到程序的第一行并终止

2.2.2 程序编辑与修改

1. 新建程序

步骤 1：点开导航器，单击目录结构图 2-16 所示，在目录结构中选定要在其中创建新文件夹的文件夹，单击“新建”按钮。

步骤 2：选择文件夹，给出文件夹的名称（HuiTu），如图 2-17 所示，单击“确定”按钮。

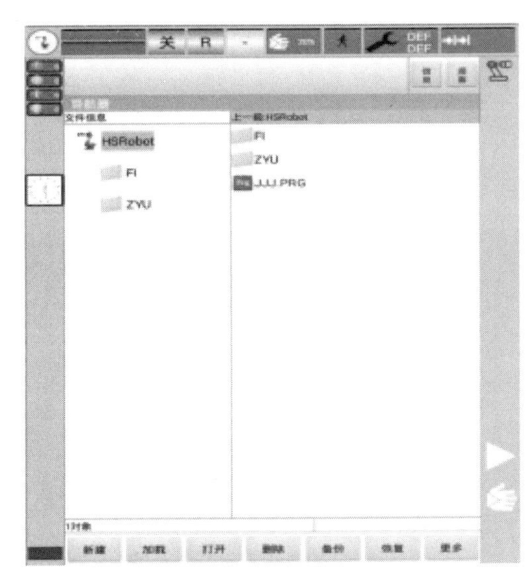

图 2-16 目录结构

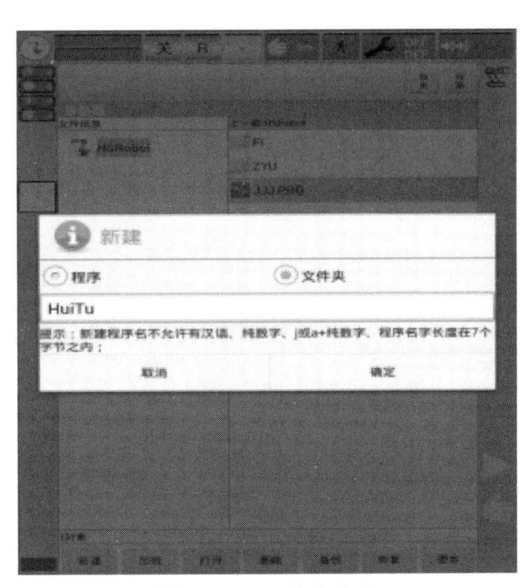

图 2-17 文件夹命名

步骤 3：在目录结构（图 2-18）中选定要在其中建立程序的文件夹，单击“新建”按钮。

步骤 4：选择程序，输入程序名称（HuiTu，名称不能包含空格），单击“确定”按钮，如图 2-18 所示。

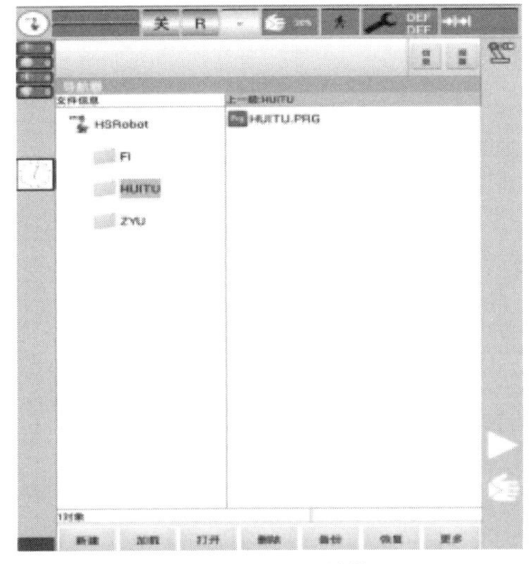

图 2-18 目录结构

2. 打开程序

选择或打开一个程序，之后将显示出一个程序编辑器，而不是导航器。在程序编辑器和导航器之间可以来回切换。

步骤1：在图2-19所示的导航器中选中HuiTu程序，单击“打开”按钮。

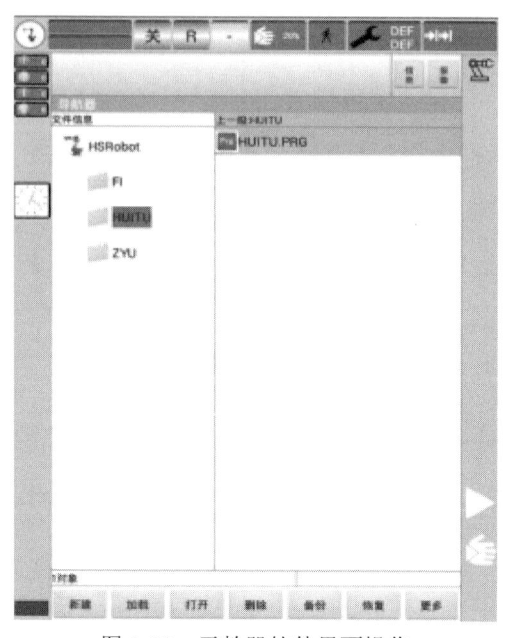

图2-19 示教器软件界面操作

步骤2：如果选定了一个PRG程序，单击“确定”按钮后可打开程序，编辑器中将显示该程序，如图2-20所示。

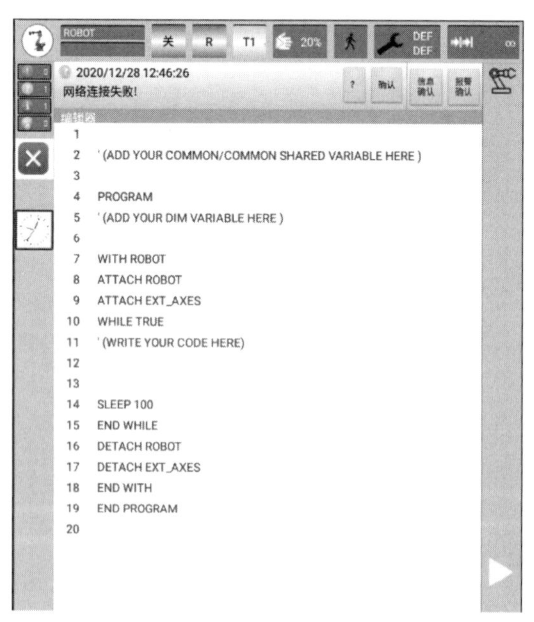

图2-20 程序编辑器

3. 编辑程序

编辑程序是指对程序指定行进行插入指令、更改，对程序进行备注、说明，以及保存、复制、粘贴等。对一个正在运行的程序无法进行编辑，在外部模式下可以对程序进行编辑。编辑步骤如下：

步骤 1：打开程序，调入编辑器。

步骤 2：选择要在其后添加指令的一行，单击下方工具栏中的“运动指令”选项，将弹出如图 2-21 所示的指令单供选择，在这里添加运动指令中的 MOVE。

步骤 3：在弹出的对话框添加相关数据，如图 2-22 所示。

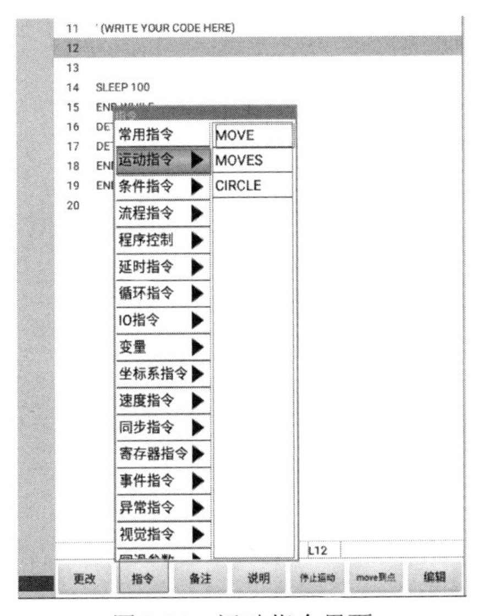

图 2-21　运动指令界面

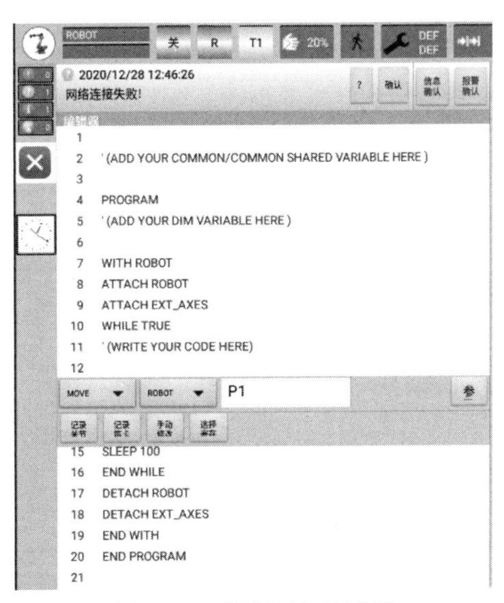

图 2-22　程序调入编辑器

步骤 4：指令添加完成后单击左下角的“取消”按钮，可放弃指令添加操作，或者按照如下选项对该指令进行操作。

选项 1：单击“记录关节”选项，记录机器人当前的各个关节坐标值并保存在 P1 中。

选项 2：单击“记录笛卡尔”选项，记录机器人当前 TCP 在当前笛卡尔坐标系下的坐标值并保存在 P1 中。

选项 3：单击“手动修改”选项，对保存的数据进行修改。

4. 保存程序

如果对一个选定程序进行了编辑，则在编辑完成后必须保存才能进行加载，在程序加载后不能对程序进行更改。

2.2.3 程序检查与运行

1. 程序检查

在程序编写完成后，首次运行程序前应先进行检查，以保证程序的正常运行。在程序编写和运行时难免会遇到错误，若程序有语法错误，则提示报警号、出错程序及出错行号，若无错误，则检查完成。

2. 加载程序

示教器在手动 T1 和 T2 或自动模式下均可选择程序并加载。操作步骤如下：

步骤 1：在导航器中选定程序 HuiTu 并单击“加载”按钮，如图 2-23 所示。编辑器中将显示该程序，如图 2-24 所示。编辑器中始终显示相应的打开文件，同时会显示运行光标。

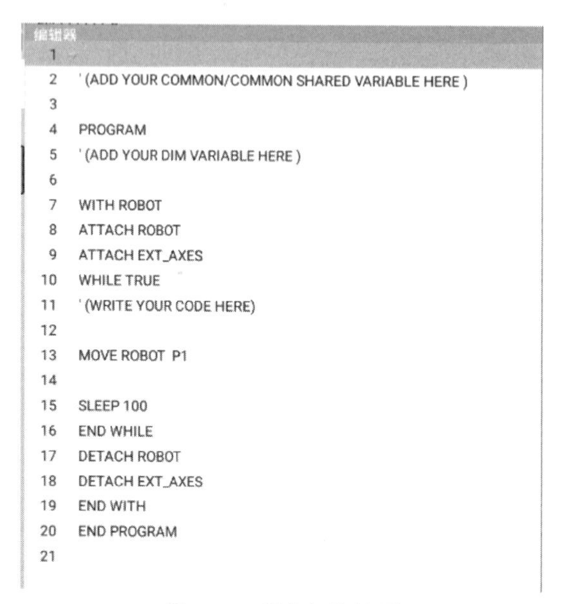

图 2-23 程序加载界面

图 2-24 程序编辑器

步骤 2：取消加载程序。

注意：选择“编辑”→“取消”选项取消加载程序或者直接单击“取消”按钮。如果程序正在运行，则在取消程序前必须将程序停止。

3. 自动运行程序

选定程序，自动运行方式（不是外部模式）的操作步骤如下：

步骤 1：切换运动模式时会自动设置为连续运行。

步骤 2：单击“使能”按钮，直到使能状态变为绿色使能开的状态，如图 2-25 所示。

图 2-25 连续运行下的使能模式

步骤 3：单击“开始”按钮，程序开始执行。

步骤 4：自动运行时单击“停止”按钮停止程序运行。

任务实施

<table>
<tr><td>项　　目</td><td colspan="6">简单移动工业机器人</td></tr>
<tr><td>学 习 任 务</td><td colspan="4">任务 2.2：新建、编辑和加载程序</td><td>完成时间</td><td></td></tr>
<tr><td>任务完成人</td><td>学习小组</td><td></td><td>组长</td><td></td><td>成员</td><td></td></tr>
<tr><td colspan="7">1．写出新建 maduo 程序的流程。</td></tr>
<tr><td colspan="7">2．写出自动运行 maduo 程序的步骤。</td></tr>
</table>

移动指令

任务 2.3 工业机器人行走轨迹

简单移动工业机器人工作任务单

<table>
<tr><td>项　　目</td><td colspan="7">简单移动工业机器人</td></tr>
<tr><td>学习任务</td><td colspan="5">任务 2.3：工业机器人行走轨迹</td><td>完成时间</td><td></td></tr>
<tr><td>任务完成人</td><td>学习小组</td><td></td><td>组长</td><td></td><td>成员</td><td colspan="2"></td></tr>
<tr><td>任务要求</td><td colspan="7">掌握：1．工业机器人的轨迹规划；
2．工业机器人点位示教
3．工业机器人运动指令</td></tr>
<tr><td>任务载体和资讯</td><td colspan="5">工业机器人简单运动</td><td colspan="2">要求：
根据任务载体进行工业机器人的轨迹规划和任务流程，实现工业机器人的既定轨迹。
资讯：
1．机器人的轨迹分析；
2．运动指令；
3．轨迹的编程。</td></tr>
<tr><td>资料查询情况</td><td colspan="7"></td></tr>
<tr><td>完成任务注意点</td><td colspan="7">1．运动速度调节不超过 20%；
2．注意设备限位要求；
3．实训中注意安全，严禁打闹。</td></tr>
</table>

2.3.1 机器人轨迹分析

使用工业机器人完成搬运工作要经过 5 个主要工作环节，即轨迹分析、运动规划、示教前的准备、示教编程、程序测试。

编程前需要先进行运动规划。运动规划是分层次的，先从高层的任务规划开始，然后是动作规划，再到手部的路径规划，最后是工具的位姿规划。首先把任务分解为一系列子任务，这一层次的规划称为任务规划。然后再将每一个子任务分解为一系列动作，这一层次的规划称为动作规划。为了实现每一个动作，还需要对手部的运动轨迹进行必要的规划，这就是手部的路径规划及关节空间的轨迹规划。

示教前需要调试工具，并根据所需要的控制信号配置 I/O 接口信号，设定工具和工件坐标系。编程时，在使用示教器编写程序的同时示教目标点。程序编好后进行测试，根据实际需要增加一些中间点。

工业机器人工作流程图如图 2-26 所示。

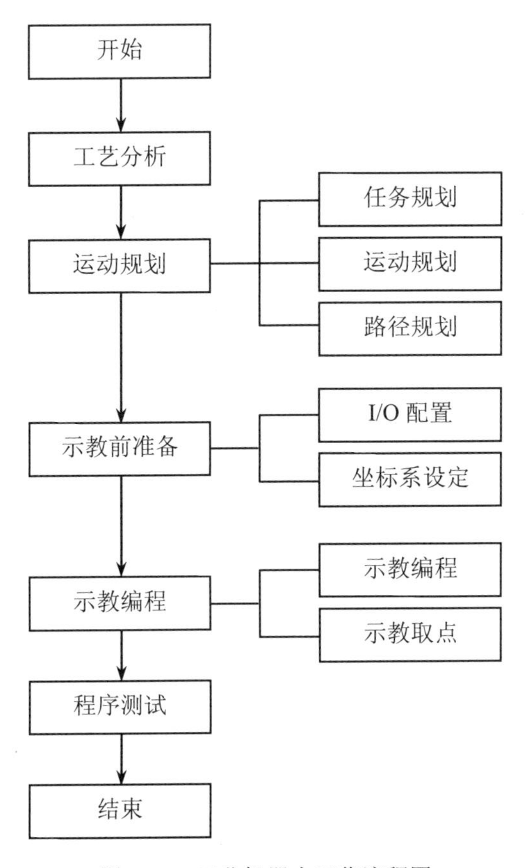

图 2-26　工业机器人工作流程图

2.3.2 运动规划和示教前的准备

1. 运动规划

机器人完成特定任务的动作可以分解为“目标点”“移动目标点”“下一目标点”等一系列子任务，还可以进一步分解为“目标点上方”“过渡目标点”“目标点”“抬起目标点”等一系列动作，形成具体的任务流程。

在图 2-27 中，P13 点为工业机器人工作的准备点，默认为机器人原点位置。P11、P1、P12、P5 分别为机器人过渡点、落笔点、提笔的过渡点、落笔点，通常过渡点距离正常工作点正上方约 10～20mm 处，工业机器人绘制图形的轨迹路径为 P13→P11→P1→P2→P3→P4→P1→P11→P12→P5→P6→P7→P8→P9→P10→P5→P12→P13。

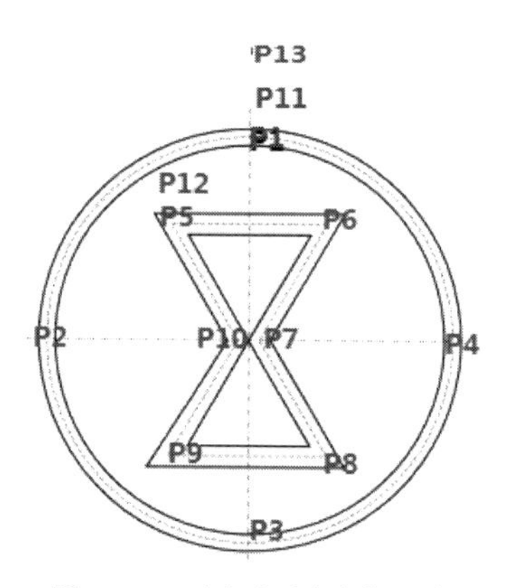

图 2-27 路径规划动作示意图

2. 示教前的准备

（1）I/O 配置。本任务中使用气动吸盘来抓取工件，气动吸盘的打开与关闭需要通过 I/O 信号控制。HSR-JR612 工业机器人控制系统提供了完备的 I/O 通信接口，可以方便地与周边设备进行通信。本系统的 I/O 板提供常用信号输入端和输出端，输入输出信号主要是对这些输入输出状态进行管理和设置。数字输出端如图 2-28 所示，数字输出端状态栏说明见表 2-3。

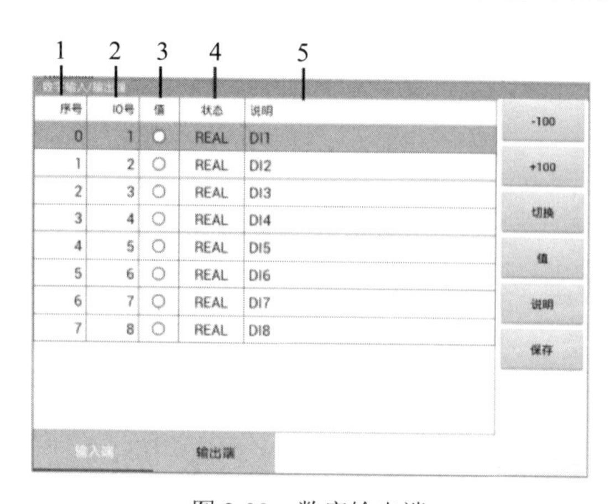

图 2-28 数字输出端

表 2-3　数字输出端状态栏说明

编号	说明
1	数字输入/输出序列号
2	数字输入/输出 I/O 号
3	输入/输出端数值，如果一个输入或输出端为 TRUE，则被标记为红色，单击值可切换值为 TRUE 或 FALSE
4	表示该数字输入/输出端为真实 I/O 或者虚拟 I/O。真实 I/O 显示为 REAL，虚拟 I/O 显示为 VIRTUAL
5	给该数字输入/输出端添加说明

（2）坐标系设定。示教过程中，需要在一定的坐标模式（轴坐标、世界坐标、基坐标、工具坐标）下选择一定的运动方式（T1 或 T2），手动控制机器人到达一定的位置。因此，在示教运动指令前，必须设定好坐标模式和运动模式，如果坐标模式为工具坐标模式或基坐标模式，还需要选定相应的坐标系（即任务中设置或标定的坐标系）。

2.3.3 运动指令

运动指令包括了点位之间运动的 MOVE 和 MOVES 指令，以及画圆弧的 CIRCLE 指令。

1. MOVE 指令

MOVE 指令用于选择一个点位之后，当前点机器人位置与选择点之间的任意运动，运动过程中不进行轨迹控制和姿态控制。

运动指令编辑框如图 2-29 所示。

图 2-29　运动指令编辑框

操作步骤：

步骤 1：标定需要插入的行的上一行。

步骤 2：选择“指令”→“运动指令”→MOVE。

步骤 3：选择机器人轴或者附加轴。

步骤 4：输入点位名称，即新增点的名称。

步骤 5：配置指令的参数。

步骤 6：手动移动机器人到需要的姿态或位置。

步骤 7：选中输入框③后单击记录关节或者记录笛卡尔坐标。

步骤 8：单击操作栏中的“确定”按钮，添加 MOVE 指令完成。

2. MOVES 指令

MOVES 指令用于选择一个点位之后，当前点机器人位置与记录点之间的直线运动。

操作步骤：

步骤 1：标定需要插入的行的上一行。

步骤 2：选择“指令”→“运动指令”→MOVES。

步骤 3：选择机器人轴或者附加轴。

步骤 4：输入点位记录，即新增点的名称。

步骤 5：配置指令的参数。

步骤 6：手动移动机器人到需要的姿态或位置。

步骤 7：选中输入框后单击记录关节或者记录笛卡尔坐标。

3. CIRCLE 指令

该指令为画圆弧指令，机器人示教圆弧的当前位置与选择的两个点形成一个圆弧，即三点画圆。

操作步骤：

步骤 1：标定需要插入的行的上一行。

步骤 2：选择“指令”→“运动指令”→CIRCLE。

步骤 3：选择机器人轴或者附加轴。

步骤 4：单击 CirclePoint 输入框，移动机器人到需要的姿态点或轴位置，单击记录关节或者记录笛卡尔坐标，记录 CirclePoint 点完成。

步骤 5：单击 TargetPoint 输入框，手动移动机器人到需要的目标姿态或位置。单击记录关节或者记录笛卡尔坐标，记录 TargetPoint 点完成。

步骤 6：配置指令的参数。

步骤 7：单击操作栏中的“确定”按钮，添加 CIRCLE 指令完成。

2.3.4 示教编程

为实现具体的任务，在完成任务规划、动作规划、路径规划后确定工作区域，开始对机器人写字进行示教编程。为使机器人能够进行再现，就必须用机器人的编程命令将机器人的运动轨迹和动作编成程序，即示教编程，利用工业机器人的手动控制功能完成绘图动作并记录机器人的动作。

1. 新建程序

步骤 1：点开导航器，单击目录结构（图 2-30），在目录结构中选定要在其中创建新文件夹的文件夹，单击“新建”按钮。

步骤 2：选择文件夹，给出文件夹的名称（HuiTu）如图 2-31 所示，单击“确定”按钮。

步骤 3：在目录结构图中选定要在其中建立程序的文件夹，单击“新建”按钮。

步骤 4：选择程序，输入程序名称（HuiTu，不能包含空格），单击“确定”按钮，如图 2-32 所示。

2. 打开程序

选择并打开一个程序，之后将显示出一个程序编辑器，而不是导航器。在程序编辑器和导航器之间可以来回切换。

步骤 1：在图 2-33 所示的导航器中选中 HuiTu 程序，单击“打开”按钮。

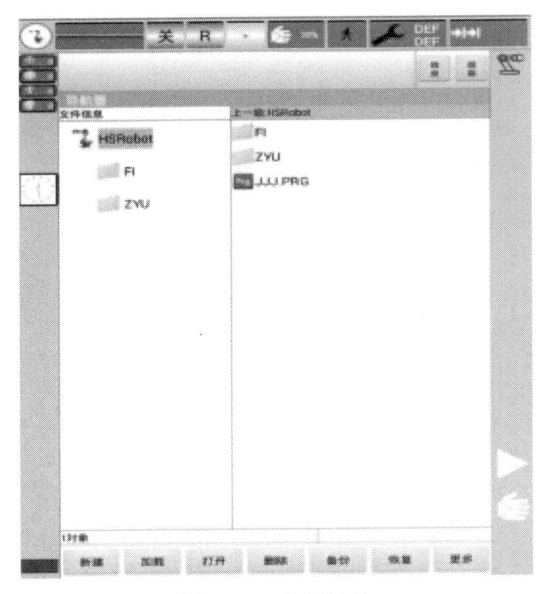

图 2-30　目录结构

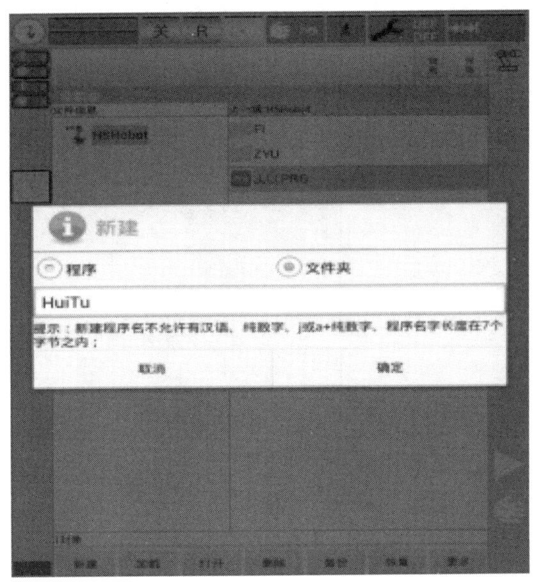

图 2-31　文件夹名输入对话框

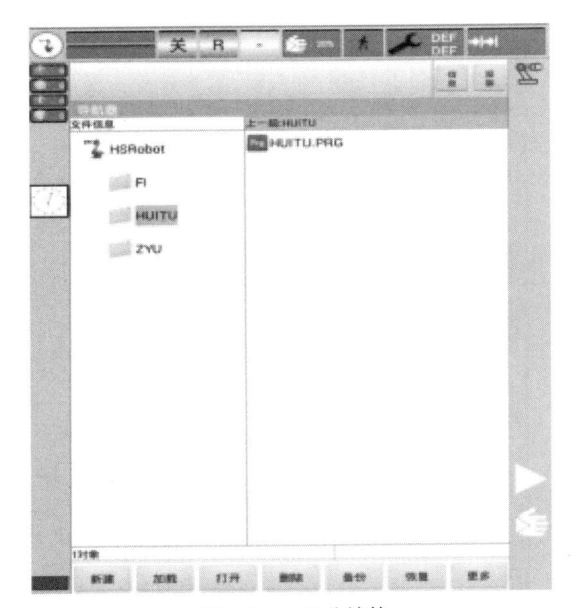

图 2-32　目录结构

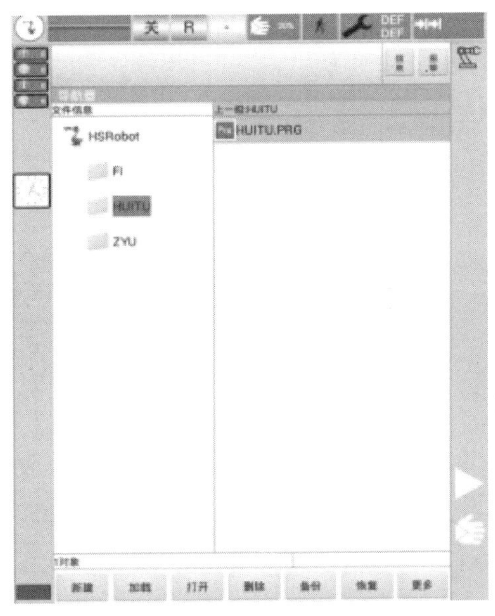

图 2-33　示教器软件操作界面

步骤 2：如果选定了一个 PRG 程序，单击“确定”按钮后可打开程序，编辑器中将显示该程序，如图 2-34 所示。

3. 编辑程序

编辑程序步骤如下：

步骤 1：打开程序，调入编辑器。

步骤 2：选择要在其后添加指令的一行，单击下方工具栏中的“运动指令”选项，弹出如图 2-35 所示的指令单供选择，在这里选择运动指令中的 MOVE。

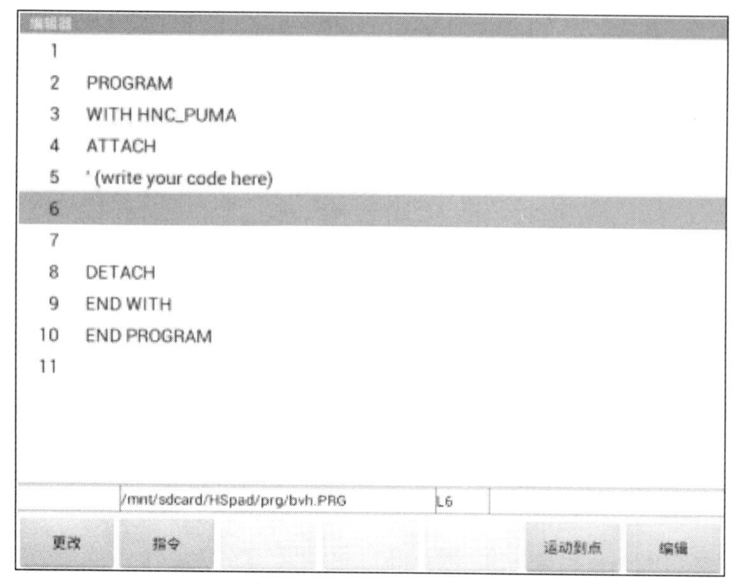

图 2-34 程序调入编辑器

步骤 3：在弹出的对话框中添加相关数据，如图 2-36 所示。

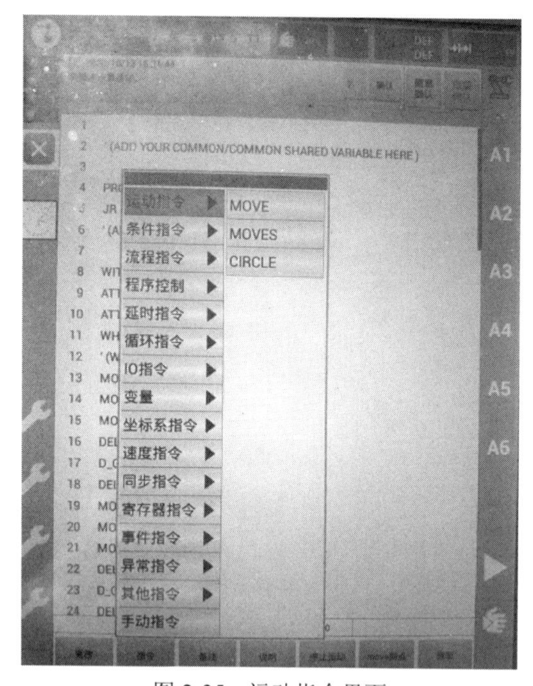

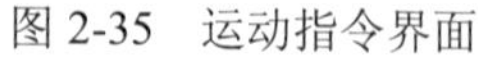
图 2-35 运动指令界面

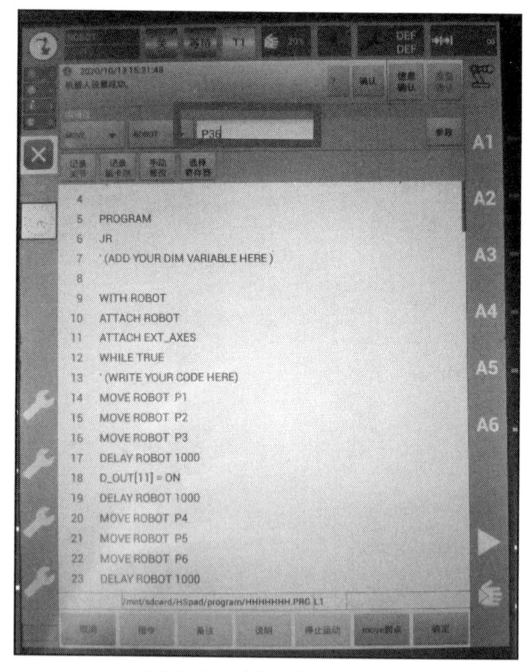

图 2-36 添加位置信息

步骤 4：指令添加完成后单击左下角的“取消”按钮，放弃指令添加操作。

单击“记录关节”选项，记录机器人当前的各个关节坐标值并保存在 P1 中；单击“记录笛卡尔”选项，记录机器人当前 TCP 在当前笛卡尔坐标系下的坐标值并保存在 P1 中；单击“手动修改”选项，对保存的数据进行修改。

4. 示例程序（表 2-4）

表 2-4　轨迹规划示例程序

程序	程序注释
MOVE ROBOT P13 MOVE ROBOT P11 MOVE ROBOT P1 CIRCLE ROBOT　CIRCLEPOINT=P2 TARGETPOINT=P3 CIRCLE ROBOT　CIRCLEPOINT=P4 TARGETPOINT=P5 MOVE ROBOT P12	机器人从安全点出发，移动画笔到正上方 落笔点 画圆弧 提笔 来到直线图形的正上方
MOVE ROBOT P5 MOVE ROBOT P6 MOVE ROBOT P7 MOVE ROBOT P8 MOVE ROBOT P9 MOVE ROBOT P10 MOVE ROBOT P5 MOVE ROBOT P12 MOVE ROBOT P13	画六条直线 提笔 回安全点

5. 保存程序

如果对一个选定程序进行了编辑，则在编辑完成后必须保存才能进行加载，在程序加载后不能对程序进行更改。

6. 检查程序

在程序编写完成后，首次运行程序前应先进行检查，以保证程序的正常运行。在程序编写和运行时难免会遇到错误，若程序有语法错误，则提示报警号、出错程序及出错行号，若无错误，则检查完成。

任务实施

<table>
<tr><td>项　　目</td><td colspan="6">简单移动工业机器人</td></tr>
<tr><td>学习任务</td><td colspan="4">任务 2.3：工业机器人行走轨迹</td><td>完成时间</td><td></td></tr>
<tr><td>任务完成人</td><td>学习小组</td><td></td><td>组长</td><td></td><td>成员</td><td></td></tr>
<tr><td colspan="7">1．写出工业机器人的工作流程。</td></tr>
<tr><td colspan="7">2．编写一个行走轨迹的程序。</td></tr>
<tr><td colspan="7">3．简述机器人轨迹行走中遇到的问题。</td></tr>
</table>

学习项目三　工业机器人搬运物料

任务 3.1　程序的结构、参数设定、备份与恢复

程序结构

工业机器人搬运物料工作任务单

<table>
<tr><td>项　　目</td><td colspan="6">工业机器人搬运物料</td></tr>
<tr><td>学习任务</td><td colspan="4">任务 3.1：程序的结构、参数设定、备份与恢复</td><td>完成时间</td><td></td></tr>
<tr><td>任务完成人</td><td>学习小组</td><td></td><td>组长</td><td></td><td>成员</td><td></td></tr>
<tr><td>任务要求</td><td colspan="6">掌握：1．程序的基本信息；
2．程序结构；
3．程序的备份与恢复。</td></tr>
<tr><td>任务载体和资讯</td><td colspan="5">工业机器人物料搬运</td><td>要求：
根据任务载体掌握程序的基本参数及结构。
资讯：
1．程序结构；
2．程序的备份与恢复。</td></tr>
<tr><td>资料查询情况</td><td colspan="6"></td></tr>
<tr><td>完成任务注意点</td><td colspan="6">1．运动速度调节不超过 20%；
2．注意备份恢复的路径；
3．实训中注意安全，严禁打闹。</td></tr>
</table>

3.1.1 定义键的功能和使用方法

定义按键只能在手动 T1 和 T2 模式下使用，在自动模式和外部模式下不能使用。

示教器提供左侧 4 个辅助按键，用于用户自定义按键操作，可配置按键按下后输出的指令，当要启用此功能时需要打开使能开关。当选择为“工艺包”时，辅助按键不可手动输入，只能从工艺包中获取，不能手动配置命令，如图 3-1 所示。

图 3-1 辅助按键定义

操作步骤：

步骤 1：在主菜单中选择“配置”→“机器人配置”→“辅助按键”，将显示出辅助按键定义窗口。

步骤 2：定义辅助按键。

步骤 3：使能打开后，示教器左侧会出现对应按钮，单击辅助按键执行对应操作或者发送响应命令。

3.1.2 程序编辑界面和程序结构

1. 程序编辑界面

如果选定了一个 PRG 程序，单击“确定”按钮后可打开程序，编辑器中将显示该程序，如图 3-2 所示。

2. 机器人程序结构

华数 II 型编辑器使用的程序有主程序和子程序，其中支持调用其他 PRG 程序的主程序，被调用方则为子程序。程序调入编辑器如图 3-3 所示，程序结构见表 3-1。

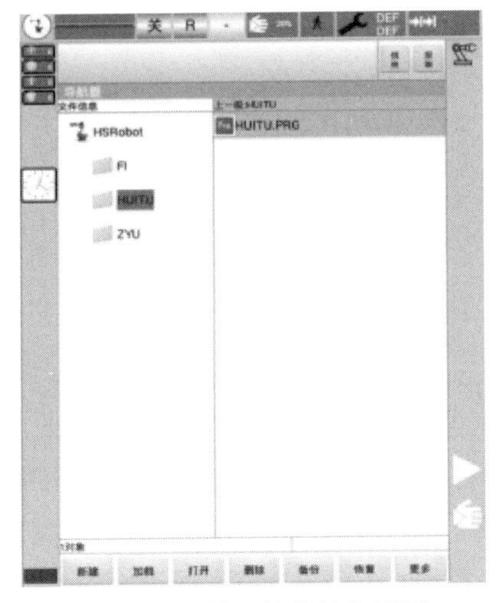

图 3-2　示教器软件操作界面

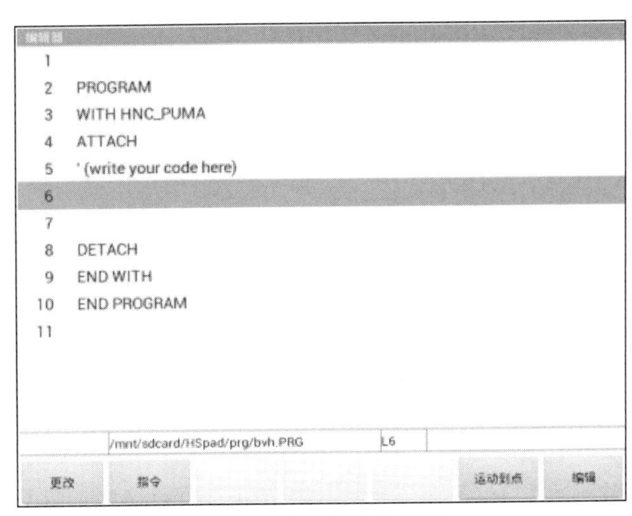

图 3-3　程序调入编辑器

表 3-1　程序结构

程序模块	功能	示例
轴初始化	绑定业务层及轴组	<attr> VERSION:0 GROUP:[0] <end>
变量声明	定义坐标变量，声明变量	<pos. P[1]{GP:0,UF:-1,UT:-1,INT:0,0,-89.998,180.001,0.001,89.994,0.001,0.0,0.0,0.0]} P[2]{GP:0,UF:-1,UT:-1,CFG:[0,0,0,0,0,1],LOC:[286.522,-0.0,232.473,179.999,0.0,179.999,0.0,0.0,0.0]} <end>
主程序	添加语句块	<Program> LBL[1] MOVE ROBOT P1 VEL=50 MOVES ROBOT P2 VEL=50 C JR[1] LR[1] VEL=50 GOTO LBL[1]

3. 坐标类型

（1）关节坐标。定义一个变量 P[1]点，关节式坐标含义如下：

工件号　　关节坐标　　加 3 个外部拓展轴

P[1]{GP:0,UF:-1,UT:-1,JNT:[-0.0,-90.0,180.0,0.001,90.0,0.0,0.0,0.0,0.0]};

轴组　　工具号

（2）笛卡尔坐标。定义一个变量 P[2]点，笛卡尔坐标含义如下：

3.1.3　工业机器人系统备份与恢复的方法

设置示教器的备份还原参数，备份路径表示当前示教器的程序备份到哪里，一般选择 U 盘，在程序导航界面中选择要备份的文件或文件夹，单击“备份”按钮即可；还原路径表示程序从哪里恢复到示教器，一般设置为 U 盘，当需要导入其他机器人或者计算机编写的 PRG 程序时，插上 U 盘，在程序导航界面中可以选择需要恢复的程序，此处应该注意程序存储位置应为 U 盘的根目录，单击“恢复”按钮即可恢复到设置的路径，如图 3-4 所示。

备份路径设置
备份路径：/udisk　U盘
说明：
1.设置备份路径后备份文件将会备份到所设置的路径下。
2.可先选择备份到U盘或默认备份。
3.在Super用户和Debug用户模式下可手动输入备份路径。
还原路径设置
还原路径：/udisk　U盘
说明：
1.设置还原路径后还原文件时将会在此路径下查找需要还原的文件。
2.可先选从U盘或从默认还原。
3.在Super用户和Debug用户模式下可手动输入还原路径。
默认设置　确定

图 3-4　备份还原设置

注意：备份文件已存在，还原文件已处于设置的目录下。

操作步骤：

步骤 1：选择“主菜单”→“文件”→“备份还原设置”，选择备份和还原的路径为 U 盘或者默认路径。单击左下角的“默认设置”按键，同时设置备份和还原路径为默认。在 Super 下可手动输入备份还原路径。

步骤 2：选择将要备份的文件，单击“备份”按钮，单击提示框中的“确定”按钮完成备份。

步骤 3：还原文件如果从 U 盘导入则需要先插入 U 盘。单击“恢复”按钮，提示框会列出所有设置路径下的 PRG 文件。选择需要恢复的选项，单击“确定”按钮即完成文件还原。

<table>
<tr><td>项　　目</td><td colspan="7">工业机器人搬运物料</td></tr>
<tr><td>学习任务</td><td colspan="5">任务 3.1：程序的结构、参数设定、备份与恢复</td><td>完成时间</td><td></td></tr>
<tr><td>任务完成人</td><td>学习小组</td><td></td><td>组长</td><td></td><td>成员</td><td colspan="2"></td></tr>
<tr><td colspan="8">1．简述程序结构中程序模块的功能。</td></tr>
<tr><td colspan="8">2．程序还原和备份的注意事项和步骤是什么？</td></tr>
<tr><td colspan="8">3．列出在程序实施过程中出现的问题及解决方法。</td></tr>
</table>

任务 3.2　工业机器人搬运示教

工业机器人搬运物料工作任务单

<table>
<tr><td>项　目</td><td colspan="6">工业机器人搬运物料</td></tr>
<tr><td>学习任务</td><td colspan="4">任务 3.2：工业机器人搬运示教</td><td>完成时间</td><td></td></tr>
<tr><td>任务完成人</td><td>学习小组</td><td></td><td>组长</td><td></td><td>成员</td><td></td></tr>
<tr><td>任务要求</td><td colspan="6">掌握：1．四点法工具坐标的标定；
2．工业机器人搬运路径规划。</td></tr>
<tr><td>任务载体和资讯</td><td colspan="4">工业机器人物料搬运</td><td colspan="2">要求：
根据任务载体完成任务要求的路径规划。
资讯：
1．工具坐标的标定；
2．搬运的轨迹规划。</td></tr>
<tr><td>资料查询情况</td><td colspan="6"></td></tr>
<tr><td>完成任务注意点</td><td colspan="6">1．运动速度调节不超过 20%；
2．注意过渡点位规划；
3．实训中注意安全，严禁打闹。</td></tr>
</table>

3.2.1　四点标定工具坐标系

将待测量工具的 TCP 从 4 个不同方向移向一个参照点，参照点可以任意选择。机器人控制系统从不同的法兰位置值中计算出 TCP。运动到参照点所用的 4 个法兰位置必须分散开足够的距离。工具坐标标定时，必须使用默认的工具坐标系，如图 3-5 所示，圆圈内的值需为 DEF。

步骤 1：在菜单中选择“投入运行”→“测量”→“用户工具标定”。

步骤 2：选择待标定的用户工具号，可以设置用户工具名称。

步骤 3：单击“开始标定”按钮，工具坐标标定界面如图 3-6 所示。

步骤 4：移动到标定的参考点 1 的某处，单击“参考点 1”，获取坐标并记录。

步骤 5：移动到标定的参考点 2 的某处，单击“参考点 2”，获取坐标并记录。

步骤 6：移动到标定的参考点 3 的某处，单击“参考点 3”，获取坐标并记录。

步骤 7：移动到标定的参考点 4 的某处，单击“参考点 4”，获取坐标并记录。

步骤 8：单击“标定”按钮，确定程序计算出标定坐标。

步骤 9：单击“保存”按钮，存储工具坐标的标定值。

步骤 10：切换到工具坐标系，选择标定的工具号，绕 ABC 三个方向旋转，则机器人工具 TCP 会绕着工件旋转。

标定坐标值后在步骤 7 中单击“保存”按钮，可以把标定的值进行存储。

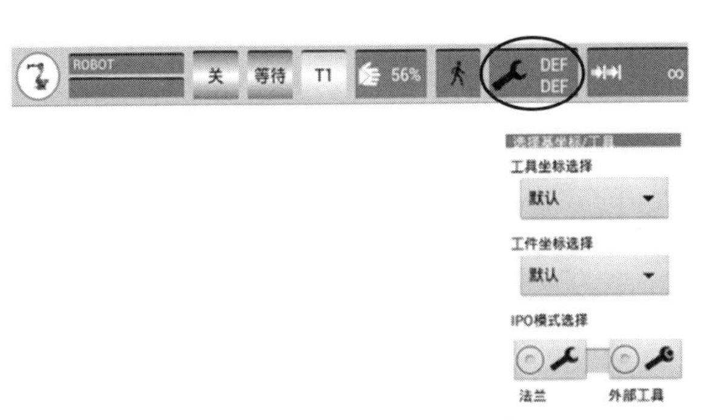

图 3-5　机器人默认界面

图 3-6　工具坐标标定界面

3.2.2 路径规划与示教

1. 搬运动作规划

工业机器人的搬运是指物料在物料放置架和物料放置架之间进行运送和转移，为避免在搬运过程中出现碰撞、干涉、掉件等意外，工业机器人搬运的动作分解为抓取物料、移动物料、放下物料，关键点位对应的动作规划见表 3-2。

表 3-2 关键点位动作规划

序号	标号	名称	动作
1	P0	原始点	机器人工作准备
2	P1	取料过渡点	取料姿态准备
3	P2	取料点	抓取物料
4	P3	放料过渡点	放料姿态准备
5	P4	放料点	放下物料

2. 搬运路径规划

工业机器人在运动的过程中主要是进行关节和直线运动，可以按照图 3-7 所示的参考路径进行动作。

P5 点为工业机器人工作的准备点，默认为机器人原点位置；P1、P3 点为机器人抓取、放下物料的过渡点，通常在距离正常工作点正上方约 10～20mm 处。工业机器人的一个搬运过程的路径为 P5→P1→P2→P1→P3→P4→P3→P5。

3. 程序流程规划

根据工业机器人的路径规划及相对应的动作要求，规划程序流程图如图 3-8 所示。

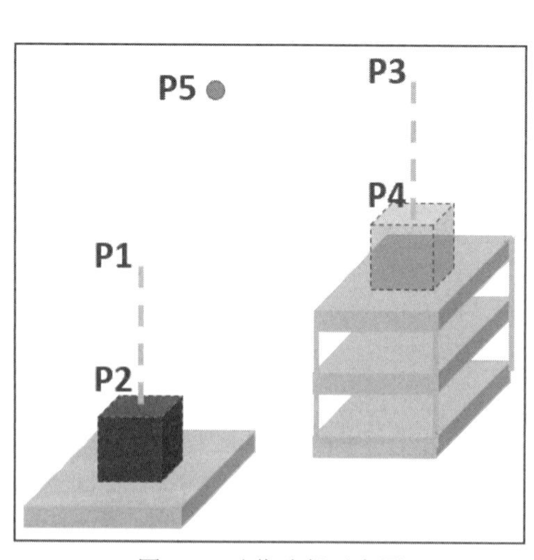

图 3-7 动作路径示意图

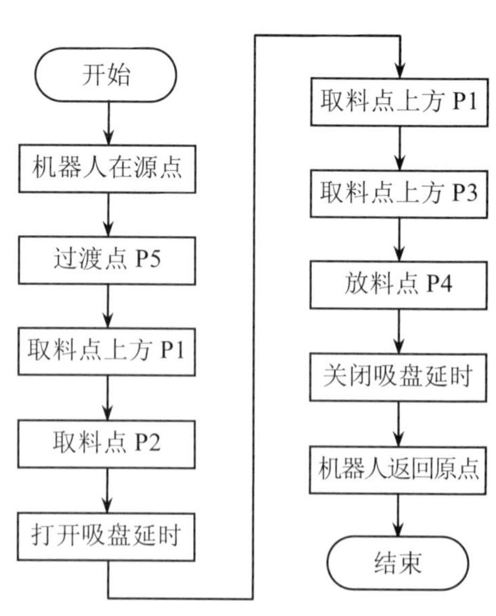

图 3-8 规划程序流程图

任务实施

<table>
<tr><td>项　　目</td><td colspan="6">工业机器人搬运物料</td></tr>
<tr><td>学 习 任 务</td><td colspan="4">任务 3.2：工业机器人搬运示教</td><td>完成时间</td><td></td></tr>
<tr><td>任务完成人</td><td>学习小组</td><td></td><td>组长</td><td></td><td>成员</td><td></td></tr>
<tr><td colspan="7">1. 简述实现搬运的工作流程。</td></tr>
<tr><td colspan="7">2. 工件坐标标定的方法及用途。</td></tr>
<tr><td colspan="7">3. 列出在程序实施过程中出现的问题及解决方法。</td></tr>
</table>

任务 3.3　工业机器人搬运编程

工业机器人搬运物料工作任务单

<table>
<tr><td>项　　目</td><td colspan="7">工业机器人搬运物料</td></tr>
<tr><td>学习任务</td><td colspan="5">任务 3.3：工业机器人搬运编程</td><td>完成时间</td><td></td></tr>
<tr><td>任务完成人</td><td>学习小组</td><td></td><td>组长</td><td></td><td>成员</td><td colspan="2"></td></tr>
<tr><td>任务要求</td><td colspan="7">掌握：1．指令的应用；
2．程序的加载与检测；
3．搬运编程。</td></tr>
<tr><td>任务载体
和资讯</td><td colspan="5">工业机器人物料搬运</td><td colspan="2">要求：
根据任务载体完成物料的斜面搬运。
资讯：
1．程序指令；
2．搬运程序编程；
3．程序的运行与检测。</td></tr>
<tr><td>资料查询
情况</td><td colspan="7"></td></tr>
<tr><td>完成任务
注意点</td><td colspan="7">1．运动速度调节不超过 20%；
2．注意工件坐标的调用；
3．实训中注意安全，严禁打闹。</td></tr>
</table>

坐标系指令

3.3.1 坐标系指令

坐标系指令分为基坐标系 BASE 和工具坐标系 TOOL，在程序中可以选择定义的坐标系编号，在程序中切换坐标系。

操作步骤：

步骤 1：选中需要切换坐标系的上一行。

步骤 2：选择“指令”→“坐标系指令”→BASE 或 TOOL。

步骤 3：根据已定义的基坐标系和工具坐标系选择需要的编号填入输入框（图 3-9）。

步骤 4：单击操作栏中的“确定”按钮完成坐标系指令的添加。

图 3-9　坐标系指令

I/O 指令和延时指令

3.3.2 I/O 指令

I/O 指令包括 D_IN 指令（图 3-10）、D_OUT 指令（图 3-11）、WAIT 指令、WAITUNTIL 指令（图 3-12）、PLUSE 指令，D_IN 和 D_OUT 指令可用于给当前 I/O 赋值为 ON 或 OFF，也可用于在 D_IN 和 D_OUT 之间传值；WAIT 指令用于阻塞等待一个指定 I/O 信号，可以选 D_IN 和 D_OUT；WAITUNTIL 指令用于等待 I/O 信号，超过设定时限后退出等待；PLUSE 指令用于产生脉冲。I/O 指令参数说明见表 3-3。

表 3-3　I/O 指令参数说明

函数	参数说明
WAIT(IO,STATE)	IO 代表 D_IN、D_OUT，STATE 代表 ON、OFF
WAITUNTIL(IO,IO,MIL,FLAG)	IO 代表 D_IN、D_OUT，MIL 代表延时（单位为毫秒），FLAG 表示等待信号是否成功
PLUSE(IO,STATE)	IO 代表 D_IN、D_OUT，STATE 代表 ON、OFF

操作步骤：

步骤 1：选中需要添加 D_IN 或 D_OUT 行的上一行。

步骤 2：选择“指令”→“IO 指令”→D_IN 或 D_OUT。

步骤 3：单击选择框选择 D_IN 或 D_OUT，在第一个输入框中输入 I/O 项。

步骤 4：单击第二个选择框选择相应的 I/O，如果选择了 D_IN 或 D_OUT 则需要在对应输入框中输入赋值的 I/O 项。

步骤 5：单击操作栏中的“确定”按钮完成 I/O 指令的添加。

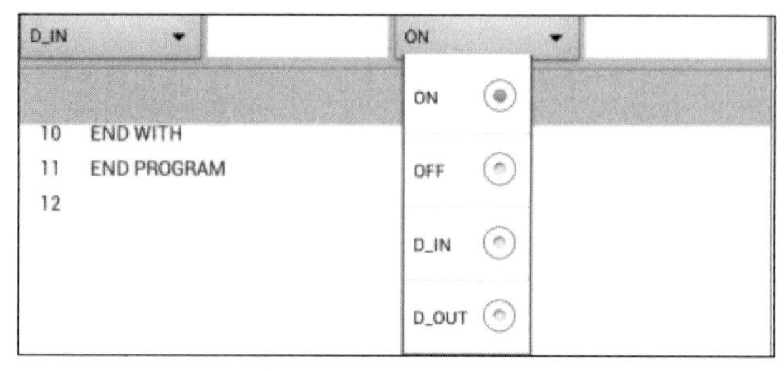

图 3-10 D_IN 指令

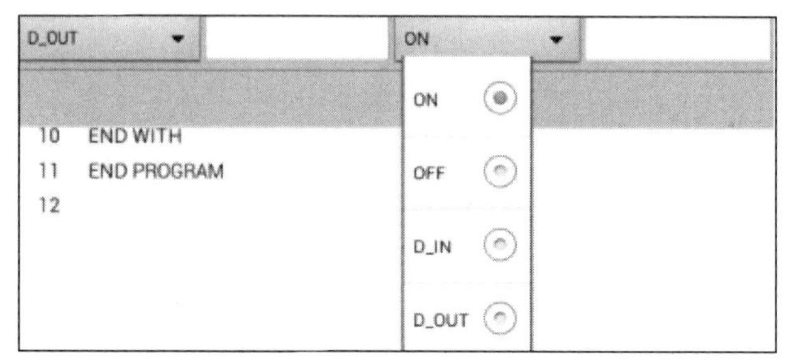

图 3-11 D_OUT 指令

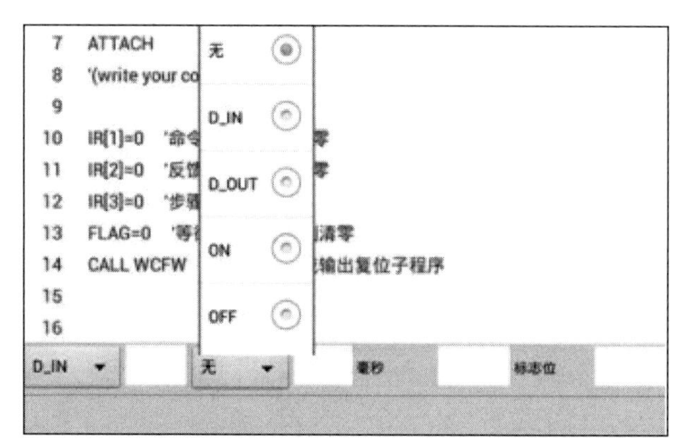

图 3-12 WAITUNTIL 指令

3.3.3 延时指令

延时指令包括针对运动指令的 DELAY 指令和非运动指令的 SLEEP 指令两种。

1. DELAY 指令

延时指令 DELAY 用于设定指定的运动对象在运动完成后的延时时间，单位为毫秒，如图 3-13 所示。DELAY 指令只对运动指令生效。若当前指定的运动对象没有运动，则 DELAY 指令无效。

操作步骤：

步骤 1：选中需要添加延时行的上一行。

步骤 2：选择“指令”→“延时指令”→DELAY。

步骤 3：选择指定的运动对象（机器人或外部轴）。

步骤 4：编辑 DELAY 后的延时毫秒数。

步骤 5：单击操作栏中的“确定”按钮，完成延时指令的添加。

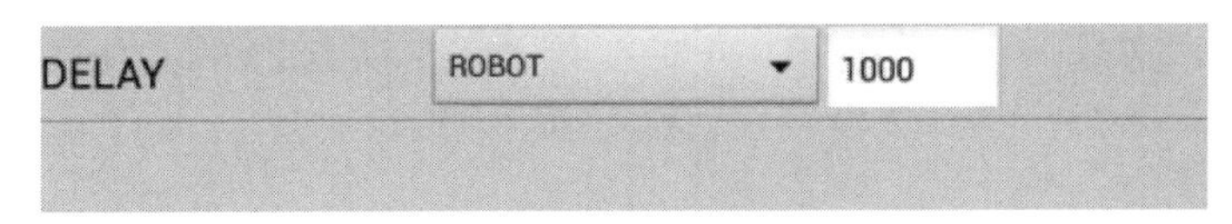

图 3-13 延时指令 DELAY

2. SLEEP 指令

SLEEP 指令是针对非运动指令的延时指令，单位为毫秒，如图 3-14 所示。SLEEP 指令只对非运动指令生效，对于运动指令 SLEEP 指令无效。

操作步骤：

步骤 1：选中需要添加延时行的上一行。

步骤 2：选择“指令”→“延时指令”→SLEEP。

步骤 3：编辑 SLEEP 后的延时毫秒数。

步骤 4：单击操作栏中的“确定”按钮，完成延时指令的添加。

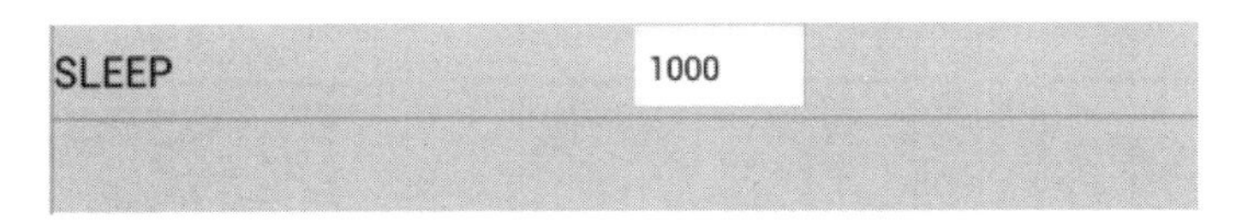

图 3-14 延时指令 SLEEP

在华数 II 型控制系统中，存在运动指令（MOVE、MOVES、CIRCLE）和非运动指令（除运动指令之外的指令）两种类型的指令。这两种指令是并行执行的，并非执行完一条指令再执行下一条。例如，MOVE ROBOT P1 D_OUT[30] = ON，第一条指令为运动指令，第二条指令为非运动指令。在系统中，这两条指令是并行执行的，也就是说，当机器人还未运动到 P1 点的时候，D_OUT[30]就有信号输出了。为了解决这个问题，需要控制系统执行完第一条指令后再执行下一条指令，此时就用 DELAY 指令，即等待运动对象 ROBOT 完成运动后再进行延时动作。所以上述语句应该改为：

```
MOVE ROBOT P1
DELAY ROBOT 100
D_OUT[30] = ON
```

SLEEP 指令通常有两种应用场合：

（1）第一种在循环中使用，例如：

```
WHILE D_IN[30] <> ON
SLEEP 10
END WHILE
```

程序表示等待 D_IN[30]的信号，若无信号则持续循环，直到等到 D_IN[30]信号后，结束 WHILE 循环向下执行。由于在此循环中要一直扫描 D_IN[30]的值，所以循环体中必须加入 SLEEP 指令，否则控制器 CPU 会因过载，出现异常报警。

（2）第二种场合是在脉冲信号应用中，例如：

```
D_OUT[30]=ON
SLEEP 100
D_OUT[30]=OFF
```

上述例子中，D_OUT[30]输出了一个宽度为 100 毫秒的脉冲信号。在此例中必须加 SLEEP 指令，否则脉冲宽度太短，将导致没有任何脉冲信号输出。

3.3.4 搬运编程

搬运实现

为了使工业机器人能够实现搬运任务的再现，就要把工业机器人的运动路径编写成程序，前面已经完成对搬运任务的任务规划、路径规划和运动轨迹规划，下面来编写程序。

步骤 1：新建名为 BY01 的搬运文件夹。

步骤 2：新建或打开名为 BY01 的搬运程序。

步骤 3：严格按照程序流程图编辑并保存程序（表 3-4）。

表 3-4　搬运程序、程序注释及图示

程序	程序注释	搬运图示
MOVE ROBOT JR[1] MOVE ROBOT P1 MOVE ROBOT P2 DELAY 1000 D_OUT[11]=ON DELAY 1000 MOVE ROBOT P1	机器人从安全点出发，移动吸盘到抓取点正上方 抓取点 延时 1 秒 工具抓取工件 延时 1 秒 抓取工件到正上方	
MOVE ROBOT P3 MOVE ROBOT P4 DELAY 1000 D_OUT[11]=OFF DELAY 1000 MOVE ROBOT P3 MOVE ROBOT JR[1]	移动机器人到放置点正上方 放置点 延时 1 秒 工具放置工件 延时 1 秒 移动机器人到放置点正上方 机器人回安全点	

注意：在对程序完成编辑和修改后，要对该程序段进行保存才能加载运行。在程序加载后就不能再对程序进行修改了。

步骤 4：按照关键点位动作规划表手动示教 P0～P4 点并记录位置信息。为保证吸盘吸取动作牢固要求吸盘一定要与物料表面垂直接触。

3.3.5 程序调试与运行（单步）

在首次运行新编写的程序之前，应先执行程序检查，以保证程序的正常运行。HSR-JR612 工业机器人系统支持对编写的程序进行语法检查，若程序有语法错误，则提示报警号、出错程序及错误行号。错误提示信息中括号内的数据即为报警号。若程序没有错误，则提示程序检查完成。

加载已编好的程序，若想先试运行单个运行轨迹，可选择“指定行”选项，输入试运行指令所在的行号，系统自动跳转到该指令。单击修调值修改按钮“+”和“-”将程序运行时的速度倍率修调值减小。选择单步运行模式，单击“启动”按钮试运行该指令，机器人会根据程序指令进行相关的动作。根据机器人的实际运行轨迹和工作环境需要可适当添加中间点。

本系统的程序运行主要有连续和单步两种方式，程序运行方式的含义见表 3-5。

表 3-5　程序运行方式的含义

程序运行方式	说明
连续	程序不停顿地运行
单步	程序每次单击“开始”按钮之后只运行一行

在手动调试程序过程中建议选择单步运行方式，具体操作步骤如下：

步骤 1：选定程序，选择程序运行模式（T1 或 T2），如图 3-15 所示。

图 3-15　程序运行模式选择

步骤 2：选择程序运行模式为单步，如图 3-16 所示。

步骤 3：按住使能开关，图 3-17 中状态栏的使能状态显示为绿色使能开的状态。

图 3-16　单步程序运行模式选择

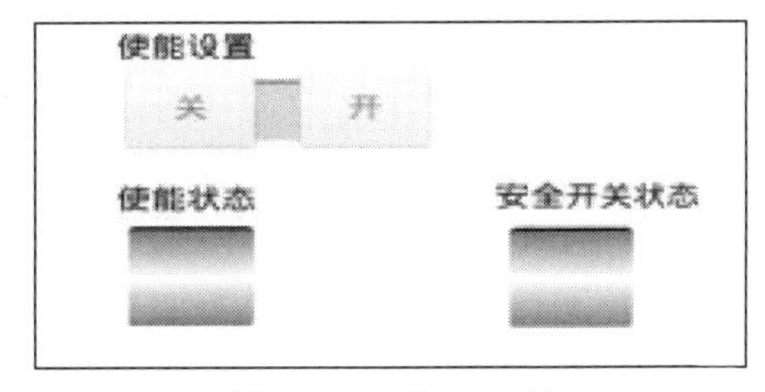

图 3-17　使能开关

步骤 4：按下启动键，程序开始单步运行。

步骤 5：停止时，松开安全开关或者用力按下安全开关或者按下“停止”按钮。

选定程序，自动运行方式（不是外部模式）的操作步骤如下：

步骤 1：切换运动模式时会自动设置为连续运行。

步骤 2：单击“使能”按钮，直到使能状态变为绿色使能开的状态，如图 3-18 所示。

步骤 3：单击“开始”按钮，程序开始执行。

步骤 4 ：自动运行时，单击“停止”按钮停止程序运行。

图 3-18　自动程序运行模式选择

<table>
<tr><td>项　　目</td><td colspan="6">工业机器人搬运物料</td></tr>
<tr><td>学习任务</td><td colspan="4">任务 3.3：工业机器人搬运编程</td><td>完成时间</td><td></td></tr>
<tr><td>任务完成人</td><td>学习小组</td><td></td><td>组长</td><td></td><td>成员</td><td></td></tr>
<tr><td colspan="7">1. 完成图示物料的斜面搬运，程序写到空白处。

物料搬运的原始状态

物料搬运的目标状态</td></tr>
</table>

2．写出在程序加载和运行中出现的问题及其解决方法。

学习项目四　工业机器人堆叠物料

- 了解工业机器人堆叠物料工艺要求。
- 掌握工业机器人码垛算法。
- 掌握工业机器人堆叠物料相关编程指令。
- 能实现工业机器人堆叠物料的示教与编程。

任务 4.1　工业机器人堆叠物料工艺

工业机器人堆叠物料工作任务单

<table>
<tr><td>项　目</td><td colspan="7">工业机器人堆叠物料</td></tr>
<tr><td>学习任务</td><td colspan="5">任务 4.1：工业机器人堆叠物料工艺</td><td>完成时间</td><td></td></tr>
<tr><td>任务完成人</td><td>学习小组</td><td></td><td>组长</td><td></td><td>成员</td><td colspan="2"></td></tr>
<tr><td>任务要求</td><td colspan="7">掌握：1．工业机器人堆叠物料的要求；
2．工业机器人堆叠物料的方式。</td></tr>
<tr><td>任务载体和资讯</td><td colspan="5">工业机器人码垛应用</td><td colspan="2">要求：
根据任务载体了解工业机器人堆叠物料的工艺特点和码放形式。
资讯：
1．堆叠物料的要求；
2．堆叠物料的方式。</td></tr>
<tr><td>资料查询情况</td><td colspan="7"></td></tr>
<tr><td>完成任务注意点</td><td colspan="7">正确认识工业机器人堆叠物料的工艺要求。</td></tr>
</table>

4.1.1　物料的码垛要求

码垛是指将轮廓外形一致、有确定规格形状的物料按一定摆放规则堆放在指定托盘上的作业。物料码放的基本要求有以下几个方面：

（1）合理。货垛形式要适应货物的性质，有利于货物的保管，能充分利用仓容和空间；货垛间距符合作业的要求和安全防火的要求；大不压小，重不压轻，缓不压急，不围堵货物，确保“先进先出”。

（2）牢固。要求堆放结实，货垛稳定牢固，不偏不斜，不压坏底层货物或外包装。

（3）定量。每一货垛的货物数量保持一致，采用固定的长度和宽度，且为整数。

（4）整齐。货垛堆放整齐，垛边横竖成列，货物外包装的标记一律朝垛外。

（5）节约。尽可能堆高，以充分提高仓库利用率，妥善组织安排，做到一次到位，节约劳动消耗。

（6）方便。选用的垛型、尺寸、堆垛方法便于堆垛作业和搬运装卸作业，提高作业效率；垛型便于清点、查验货物，方便通风。

4.1.2　物料码垛的几种常见形式

不同物料码放的方式是不一样的，有些货物可以重叠码放，有些货物可以采用纵横交错式摆放。码放的方式很多，主要有 4 种形式，见表 4-1。

表 4-1　常见码垛方式及特点

序号	码垛方式	码放特点	优点	缺点	适用范围
1	重叠式	各层码放形式相同，上下对应	操作简单，工人操作速度快，包装物四个角和边重叠垂直，承压能力大	层与层之间缺少咬合，稳定性差，容易发生塌垛	适用于货物底面积较大的情况
2	纵横交错式	相邻两层货物的摆放旋转 90°，一层为横向放置，另一层为纵向放置，层次之间交错堆码	操作相对简单，装完一层之后利用托盘转向器旋转 90°即可；层次之间有一定的咬合效果，稳定性比重叠式好	咬合强度不够，稳定性不够好	比较适合自动装盘码垛操作

续表

序号	码垛方式	码放特点	优点	缺点	适用范围
3	正反交错式	同一层中不同列的物品以90°垂直码放，相邻两层的物品码放形式是另一层旋转180°	不同层间咬合强度较高，相邻层次之间不重缝，稳定性较高	操作较麻烦，速度较慢，且包装体之间不是垂直面互相承受载荷，所以下部易被压坏	
4	旋转交错式	每一层相邻的两个包装体都互为90°，两层间的码放互为180°	相邻两层之间咬合交叉，稳定性较高，不易塌垛	码放难度较大	

<table>
<tr><td>项　　目</td><td colspan="7">工业机器人堆叠物料</td></tr>
<tr><td>学 习 任 务</td><td colspan="5">任务 4.1：工业机器人堆叠物料工艺</td><td>完成时间</td><td></td></tr>
<tr><td>任务完成人</td><td>学习小组</td><td></td><td>组长</td><td></td><td>成员</td><td colspan="2"></td></tr>
<tr><td colspan="8">1．简述工业机器人堆叠物料的基本要求。</td></tr>
<tr><td colspan="8">2．有 40 个物料，长 40mm，宽 20mm，高 20mm，要求在最短时间内将物料码垛，请设计每层垛型，并说明理由。

参考示例</td></tr>
</table>

码垛算法

任务 4.2 工业机器人码垛程序算法

工业机器人堆叠物料工作任务单

<table>
<tr><td>项　　目</td><td colspan="6">工业机器人堆叠物料</td></tr>
<tr><td>学习任务</td><td colspan="4">任务 4.2：工业机器人码垛程序算法</td><td>完成时间</td><td></td></tr>
<tr><td>任务完成人</td><td>学习小组</td><td></td><td>组长</td><td></td><td>成员</td><td></td></tr>
<tr><td>任务要求</td><td colspan="6">掌握：1．单排取料的计算方式；
2．多排码垛的计算方式；
3．多排多层码垛的计算方式。</td></tr>
<tr><td>任务载体和资讯</td><td colspan="4">多层多排码垛</td><td colspan="2">要求：
根据任务载体了解码垛的算法。
资讯：
1．单排取料的计算方式；
2．多排码垛的计算方式；
3．多排多层码垛的计算方式。</td></tr>
<tr><td>资料查询情况</td><td colspan="6"></td></tr>
<tr><td>完成任务注意点</td><td colspan="6">理解堆叠物料的算法。</td></tr>
</table>

4.2.1 单排取料的算法

如图 4-1 所示，有 8 个物料单排摆放，两物料间距离均为 50mm。如果已知所求仓位号为 X，就可以通过间距 50mm 得到仓位号 X 与第 0 个仓位之间的距离为 50×X，这样只示教第 0 个仓位的位置，就能够通过计算得到其余仓位的坐标，从而减少示教点。

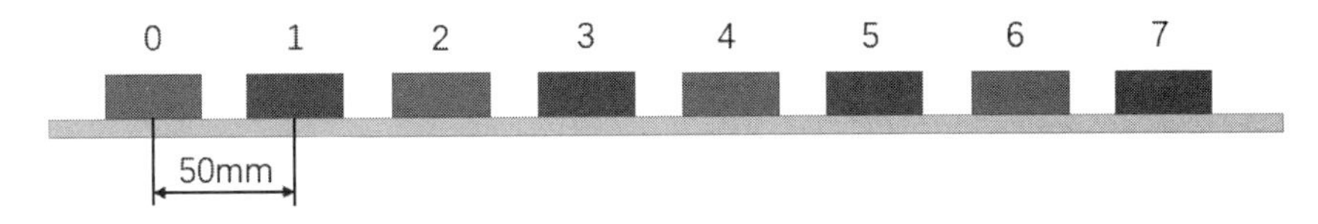

图 4-1　单排取料仓位编号

如已知仓号 0 的坐标值为 LR[101]=#{X0,Y0,Z0,A0,B0,C0}，可根据仓位 0 的坐标得到仓位 4 的坐标为 LR[104]= LR[101]+#{ 50*4,0,0,0,0,0}。

4.2.2 多排码垛的算法

进行物料多排码垛时，对每个码垛位置进行取点示教比较耗时，如果知道某一点位于第几行第几列，以及两个码垛位置之间的距离，就可以通过行列号计算出以第 0 点为基准的位置坐标。

如图 4-2 所示，对多排码垛位置进行编号（位置号必须从 0 开始），将位置号存储在寄存器中，可以根据位置号得到每个位置所在的行号和列号，那么就可以计算得到其相对于零点的 X、Y 方向的增量，从而得到该位置的坐标值。以位置号 6 为例，一行有 4 个码垛位置，将位置号 6 存入 IR[1]寄存器，寄存器 IR[2]和 IR[3]分别存其行号和列号。于是，IR[2]=IR[1]/4，得到位置号 6 位于第 1 行，IR 为整数型寄存器，IR[2]中保存的结果为 6/4=1.5 的整数部分 1（注意，不是四舍五入）；IR[3]=IR[1]−IR[3]*4=2，求得位置号 6 位于第 1 列。

注意：行号和列号也是从 0 开始。

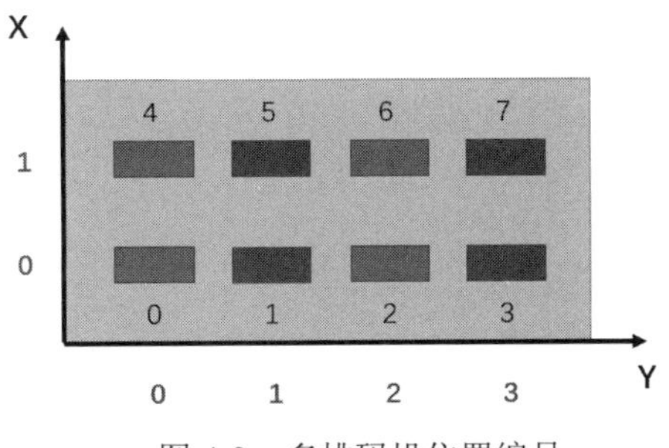

图 4-2　多排码垛位置编号

4.2.3 多排多层码垛的算法

图 4-3 所示为多排多层码垛，位置编号为 0～7，根据其编号可以得到其层数、行号和列号。算法：以位置号 7 为例，首先将第 1 层的 4 个码垛位置减掉，然后剩余的 3 个按照之前的垛排算法处理就可以得到行号和列号；将位置号 7 存入 IR[1]寄存器，寄存器 IR[2]存储其层号，IR[5]存储其层位置号，IR[3]和 IR[4]分别存其行号和列号，于是：

```
IR[2]= IR[1]/4            '用 7 除以 4 得到的整数部分作为其层号（层号从 0 开始）
IR[5]= IR[1]- IR[2]*4     ' IR[5]保存其层位置号
IR[3]= IR[5]/2            ' IR[3]为其行号
IR[4]= IR[5]- IR[3]*2     ' IR[4]为其列号
```

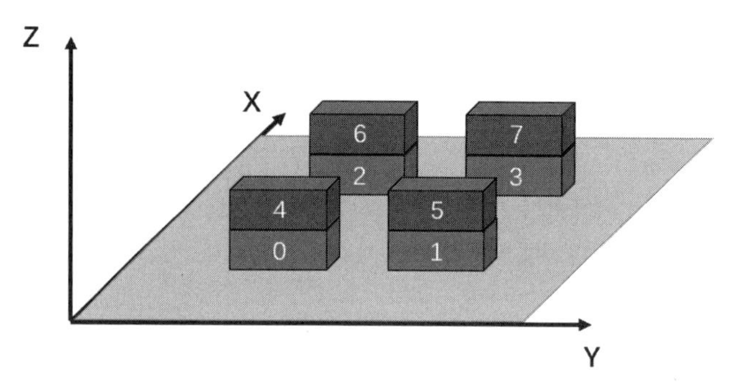

图 4-3　多排多层码垛位置编号

项目	工业机器人堆叠物料						
学习任务	任务 4.2：工业机器人码垛程序算法					完成时间	
任务完成人	学习小组		组长		成员		

对下图 16 个物料进行编号，并简述其层数、行号、列号的算法。

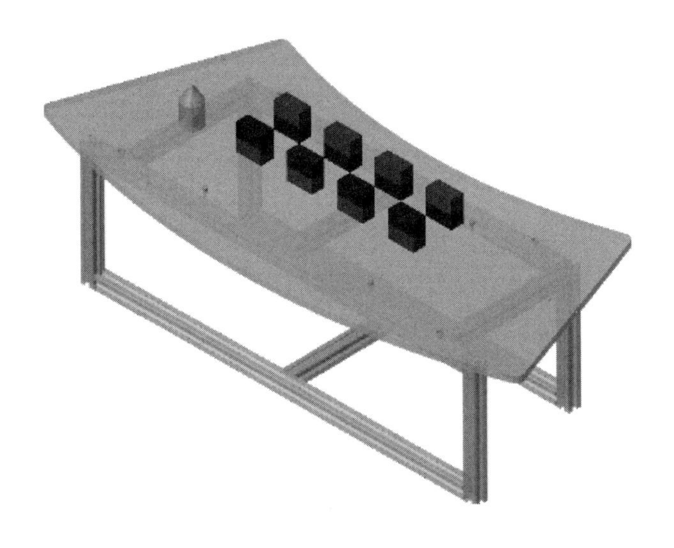

任务 4.3　工业机器人堆叠物料编程

情境导入

工业机器人堆叠物料工作任务单

<table>
<tr><td>项　　目</td><td colspan="6">工业机器人堆叠物料</td></tr>
<tr><td>学习任务</td><td colspan="4">任务 4.3：工业机器人堆叠物料编程</td><td>完成时间</td><td></td></tr>
<tr><td>任务完成人</td><td>学习小组</td><td></td><td>组长</td><td></td><td>成员</td><td></td></tr>
<tr><td>任务要求</td><td colspan="6">掌握：1．子程序的编制；
2．流程指令的使用；
3．堆叠物料编程；
4．程序调试与运行。</td></tr>
<tr><td>任务载体和资讯</td><td colspan="4">多层多排码垛</td><td colspan="2">要求：
根据任务载体了解堆叠物料编程与调试。
资讯：
1．子程序的编制；
2．流程指令的使用；
3．堆叠物料编程；
4．程序调试与运行。</td></tr>
<tr><td>资料查询情况</td><td colspan="6"></td></tr>
<tr><td>完成任务注意点</td><td colspan="6">1．子程序的使用；
2．流程指令的使用；
3．堆叠物料编程；
4．程序调试与运行。</td></tr>
</table>

子程序指令

4.3.1　子程序

子程序是可以反复调用的程序序列组。根据有无返回值，子程序关键字可分为 SUB 和 FUNCTION。其中，SUB 没有返回值，FUNCTION 有返回值。子程序可以调用其他子程序，也支持递归（即调用自身）。这里主要讲解没有返回值的子程序的定义和调用。

1. 新建子程序

前提条件：导航器已被显示。

操作步骤：

（1）在目录结构中选定要在其中建立程序的文件夹。

（2）单击“新建”按钮。

（3）选择子程序。

（4）输入子程序名称（名称不能包含空格），单击“确定”按钮。

```
PUBLIC SUB ×××        '×××表示子程序的名称
  ...
END SUB
```

2. 调用子程序

（1）选定需要添加指令的前一行。

（2）选择“指令”→“流程指令”→CALL。

（3）单击“选择子程序”按钮（图 4-4），对话框会列出所有的 lib 子程序，选择需要调用的子程序后单击“确定”按钮。

（4）单击操作栏中的“确定”按钮完成 CALL 指令调用。

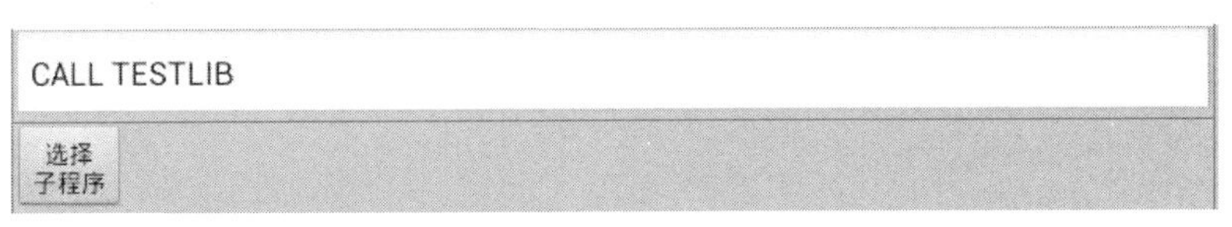

图 4-4　CALL 指令

3. 使用技巧

（1）子程序文件名称与 PUBLIC SUB 后面的名称必须一致。当子程序改名时尤其要注意，在实际使用时经常出现改了子程序文件名而子程序里面没有修改，调用时系统报错，但找不到故障原因的情况。

（2）在实际编程中，不使用子程序也能实现各种功能。而使用子程序，可以让程序更加简洁，更容易看懂。把一些重复的程序段提取出来变成子程序，可以让主程序的逻辑结构更加清晰，方便自己和其他人阅读和调试程序，提高效率。

4. 子程序应用实例

如图 4-5 所示，机器人将传送带的三个物料码垛在工作台上。

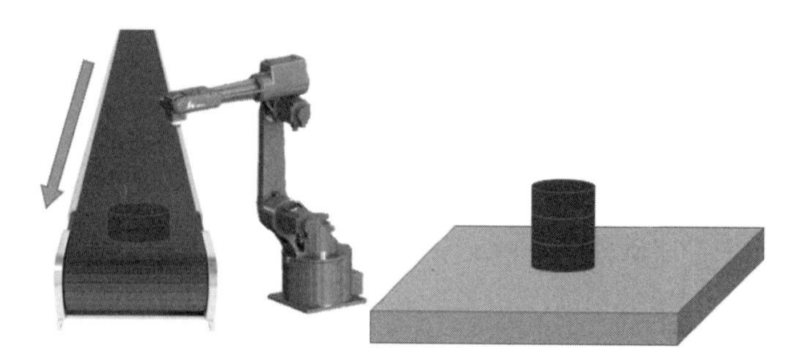

图 4-5 重叠式码垛

其编程实现如下：

```
MOVES ROBOT LR[1]+LR[200]          //取料点正上方
MOVES ROBOT LR[1]                  //取料点
DELAY ROBOT 1000                   //延时 1s
D_OUT[19]=ON                       //打开真空发生器
MOVES ROBOT LR[1]+LR[200]          //取料点正上方
MOVES ROBOT LR[2]+LR[200]          //放料点正上方
MOVES ROBOT LR[2]                  //放料点 1
DELAY ROBOT 1000                   //延时 1s
D_OUT[19]=OFF                      //关闭真空发生器
MOVES ROBOT LR[2]+LR[200]          //放料点正上方

MOVES ROBOT LR[1]+LR[200]          //取料点正上方
MOVES ROBOT LR[1]                  //取料点
DELAY ROBOT 1000                   //延时 1s
D_OUT[19]=ON                       //打开真空发生器
MOVES ROBOT LR[1]+LR[200]          //取料点正上方
MOVES ROBOT LR[2]+LR[200]          //放料点正上方
MOVES ROBOT LR[2]+#[0,0,20,0,0,0]  //放料点 2
DELAY ROBOT 1000                   //延时 1s
D_OUT[19]=OFF                      //关闭真空发生器
MOVES ROBOT LR[2]+LR[200]          //放料点正上方

MOVES ROBOT LR[1]+LR[200]          //取料点正上方
MOVES ROBOT LR[1]                  //取料点
DELAY ROBOT 1000                   //延时 1s
D_OUT[19]=ON                       //打开真空发生器
MOVES ROBOT LR[1]+LR[200]          //取料点正上方
MOVES ROBOT LR[2]+LR[200]          //放料点正上方
MOVES ROBOT LR[2]+#[0,0,40,0,0,0]  //放料点 3
DELAY ROBOT 1000                   //延时 1s
D_OUT[19]=OFF                      //关闭真空发生器
MOVES ROBOT LR[2]+LR[200]          //放料点正上方
MOVE ROBOT JR[1]                   //机器人原点
```

由于三个物料的取料位置相同，从以上程序中可以看出 3 次取料的程序是完全相同的，因此可以定义一个取料的子程序，具体如下：

```
PUBLIC SUB quliao
MOVES ROBOT LR[1]+LR[200]
MOVES ROBOT LR[1]
DELAY ROBOT 1000
D_OUT[19]=ON
MOVES ROBOT LR[1]+LR[200]
END SUB
```

定义子程序后，可以在主程序中进行调用。

```
CALL quliao
MOVES ROBOT LR[2]+LR[200]              //放料点正上方
MOVES ROBOT LR[2]                      //放料点 1
DELAY ROBOT 1000                       //延时 1s
D_OUT[19]=OFF                          //关闭真空发生器
MOVES ROBOT LR[2]+LR[200]              //放料点正上方
CALL quliao
MOVES ROBOT LR[2]+LR[200]              //放料点正上方
MOVES ROBOT LR[2]+#[0,0,20,0,0,0]      //放料点 2
DELAY ROBOT 1000                       //延时 1s
D_OUT[19]=OFF                          //关闭真空发生器
MOVES ROBOT LR[2]+LR[200]              //放料点正上方
CALL quliao
MOVES ROBOT LR[2]+LR[200]              //放料点正上方
MOVES ROBOT LR[2]+#[0,0,40,0,0,0]      //放料点 3
DELAY ROBOT 1000                       //延时 1s
D_OUT[19]=OFF                          //关闭真空发生器
MOVES ROBOT LR[2]+LR[200]              //放料点正上方
MOVE ROBOT JR[1]                       //机器人原点
```

由此可见，在编程过程中，利用子程序可以优化程序结构，在子程序中完成重复的动作，程序量将减少，程序功能性强，且易于阅读。

4.3.2 循环指令

循环指令

指令说明：

```
IR[1]=1                   'IR[1]寄存器的值等于 1
WHILE IR[1]<=2            '判断 IR[1]寄存器中的值是否小于或等于 2，满足则继续执行
  IR[1]=IR[1]+1           'IR[1]寄存器中的值在原来的数值上加 1
  MOVE ROBOT JR[1]        '机器人回原点（JR[1]为系统默认原点）
  SLEEP 100               '延时 100 毫秒，释放 CPU（必须加延时，否则会报错）
END WHILE                 '返回前面的 WHILE 判断循环条件是否满足
```

上述代码表示，程序开始时 IR[1]寄存器的值等于 1，先判断 WHILE 后面的循环条件是否满足。

当 IR[1]=1 时，满足小于或等于 2 的循环条件，IR[1]寄存器值加 1 后等于 2，机器人回原点，然后延时 100 毫秒，再返回前面的 WHILE 继续判断循环条件是否满足。

此时 IR[1]=2，满足小于或等于 2 的循环条件，IR[1]寄存器值加 1 后等于 3，机器人回原点，然后延时 100 毫秒，再返回前面的 WHILE 继续判断循环条件是否满足。

此时 IR[1]=3，不满足小于或等于 2 的循环条件，不执行后面的代码，直接跳到 END WHILE 后面执行其他代码。

通过上面的分析可以得出，机器人共执行了 2 次回原点操作。如果把回原点指令修改成其他的程序，则执行其他的程序 2 次。如果要增加循环次数，修改循环条件中的次数即可。

循环指令用于多次执行 WHILE 指令与 END WHILE 之间的程序，WHILE TRUE 表示循环条件一直满足，一直执行循环指令之间的程序，循环指令包括了 WHILE 和 END WHILE 两个指令。

1. WHILE

操作步骤：

（1）选中需要添加循环行的上一行。

（2）选择“指令”→“循环指令”→WHILE。

（3）单击选项，此时可以增加、修改、删除条件，在记录该语句时会按照添加顺序依次连接条件列表，如图 4-6 所示。

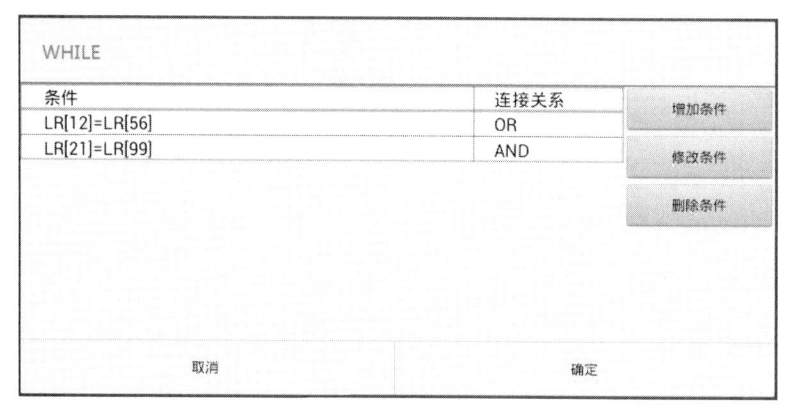

图 4-6 添加循环条件

（4）编辑 WHILE 指令完成后单击操作栏中的“确定”按钮，完成 WHILE 指令的添加，如图 4-7 所示。

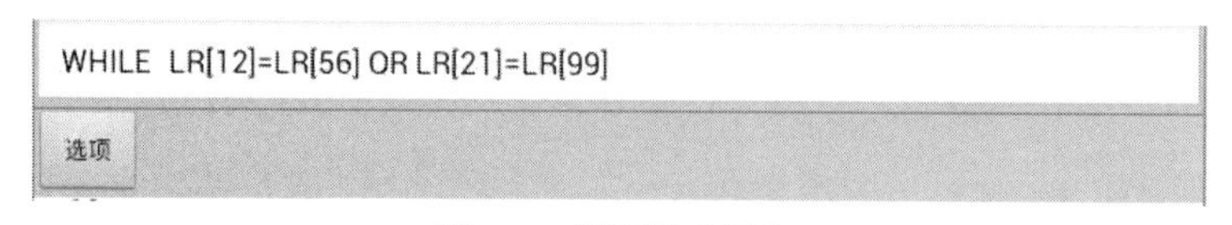

图 4-7 循环指令添加

2. END WHILE

操作步骤：

（1）选中循环截止位置。

（2）选择“指令”→“循环指令”→END WHILE。

（3）单击操作栏中的“确定”按钮，完成循环指令添加。

3. 使用技巧

WHILE 指令和 END WHILE 指令必须联合使用才能完成一个循环体。将循环运行程序块置于两条指令之间，如果缺了一个指令则在加载程序时会报语法错误。因此在输入代码时，输入 WHILE 后立即输入 END WHILE，同时在 END WHILE 前面加入 SLEEP 100。养成这种习惯可以防止代码输入过长以后忘记输入 END WHILE，同时可以避免没有加延时而导致的报错。

```
WHILE ...
  ...
  SLEEP 100
END WHILE
```

4．循环指令的应用

以单排取料程序为例来说明循环指令的使用方法。

如图 4-8 所示，取料后放置物料盒编程实现如下：

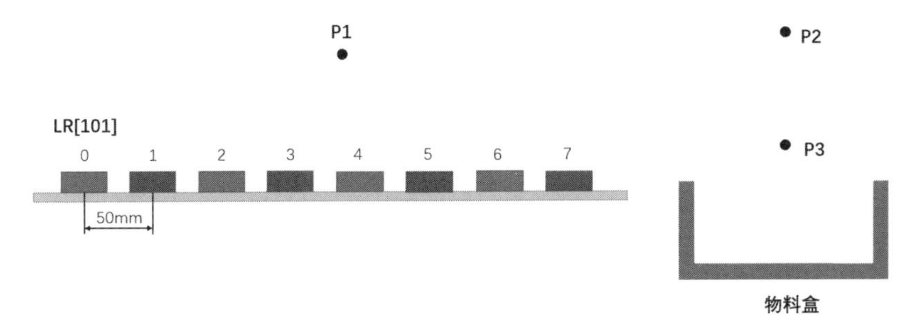

图 4-8　单排取料放置物料盒

```
IR[2]=0                                  //循环变量初始化
WHILE IR[2]<8                            //循环条件，取料位共有 8 个，当编号从 0 开始依次加 1，加到 7，动作完成后结束循环，取料完成
MOVE ROBOT P1                            //取料预备位置
MOVE ROBOT LR[101]+#{IR[2]*50,0,60,0,0,0}  //取料位上方，通过循环变量依次在 X 方向加 1 并乘以物料间距，依次到达取料位上方 60mm 处，LR[101]中存储 0 号物料的位置坐标
MOVE ROBOT LR[101]+#{IR[2]*50,0,0,0,0,0}   //取料位，通过循环变量依次在 X 方向加 1 并乘以物料间距，依次到达取料位
DELAY ROBOT 100                          //延时 0.1s
D_OUT[19]=ON                             //真空发生开启
CALL WAIT(D_IN[17],ON)                   //开启真空反馈
MOVE ROBOT LR[101]+#{IR[2]*50,0,60,0,0,0}  //取料位上方
MOVE ROBOT P1                            //取料预备位置
MOVE ROBOT P2                            //放料预备位置
MOVE ROBOT P3                            //放料位
DELAY ROBOT 100                          //延时 0.1s
D_OUT[19]=OFF                            //真空发生关闭
CALL WAIT(D_IN[17],OFF)                  //关闭真空反馈
MOVE ROBOT P2                            //放料预备位置
SLEEP 100                                //延时 0.1s
IR[2]=IR[2]+1                            //循环变量依次加 1
END WHILE                                //结束循环
MOVE ROBOT JR[1]                         //回原点
```

4.3.3 堆叠物料程序

图 4-9 所示为单排取料后多层多排堆叠物料。任务的要求是依次从仓位中取 8 个物料在工作台上进行多层多排码垛操作，然后回到参考点。码垛位行间距和列间距均为 50mm，物料的高度为 20mm。

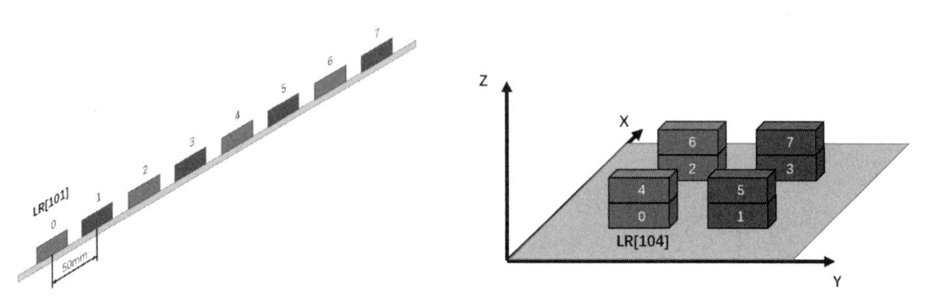

图 4-9　单排取料后多层多排堆叠物料

算法实现堆叠物料参考程序如下：

```
IR[2]=0                                                  //循环变量初始化
WHILE IR[2]<8                                            //循环条件
MOVE ROBOT P1                                            //取料预备位置
MOVE ROBOT LR[101]+#{IR[2]*50,0,60,0,0,0}                //取料位上方
MOVE ROBOT LR[101]+#{IR[2]*50,0,0,0,0,0}                 //取料位
DELAY ROBOT 100                                          //延时 0.1s
D_OUT[19]=ON                                             //真空发生开启
CALL WAIT(D_IN[17],ON)                                   //开启真空反馈
MOVE ROBOT LR[101]+#{IR[2]*50,0,60,0,0,0}                //取料位上方
MOVE ROBOT P1                                            //取料预备位置
IR[5]= IR[2]/4                                           //层号
IR[6]= IR[2]- IR[5]*4                                    //层位置号
IR[7]= IR[6]/2                                           //行号
IR[8]= IR[6]- IR[7]*2                                    //列号
MOVE ROBOT P2                                            //放料预备位置
MOVE ROBOT LR[104]+#{IR[7]*50,IR[8]*50,80,0,0,0}         //放料位上方
MOVE ROBOT LR[101]+#{IR[7]*50,IR[8]*50,IR[5]*20,0,0,0}   //放料位
DELAY ROBOT 100                                          //延时 0.1s
D_OUT[19]=OFF                                            //真空发生关闭
CALL WAIT(D_IN[17],OFF)                                  //关闭真空反馈
MOVE ROBOT LR[104]+#{IR[7]*50,IR[8]*50,80,0,0,0}         //放料位上方
MOVE ROBOT P2                                            //放料预备位置
IR[2]=IR[2]+1                                            //循环变量依次加 1
END WHILE                                                //结束循环
MOVE ROBOT JR[1]                                         //回原点
```

任务实施

<table>
<tr><td>项　　目</td><td colspan="6">工业机器人堆叠物料</td></tr>
<tr><td>学习任务</td><td colspan="4">任务 4.3：工业机器人堆叠物料编程</td><td>完成时间</td><td></td></tr>
<tr><td>任务完成人</td><td>学习小组</td><td></td><td>组长</td><td></td><td>成员</td><td></td></tr>
<tr><td colspan="7">按照下图的垛型对 16 个物料进行堆叠，请利用算法进行编程。（同一位置取料，堆叠间距可自行设定）
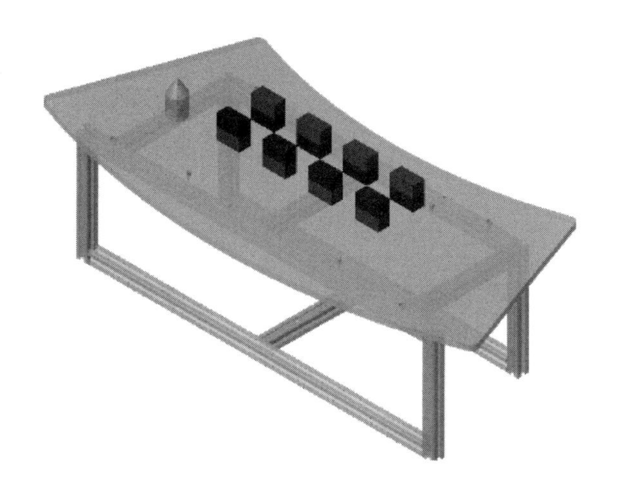</td></tr>
</table>

学习项目五　工业机器人喷涂

- 掌握工业机器人喷涂工艺。
- 掌握工业机器人喷涂工具及其指令。
- 掌握工业机器人喷涂路径规划。
- 掌握工业机器人外部轴。
- 能实现工业机器人喷涂应用的示教与编程。

任务 5.1　工业机器人喷涂示教

工业机器人喷涂工作任务单

<table>
<tr><td>项　　目</td><td colspan="6">工业机器人喷涂</td></tr>
<tr><td>学习任务</td><td colspan="4">任务 5.1：工业机器人喷涂示教</td><td>完成时间</td><td></td></tr>
<tr><td>任务完成人</td><td>学习小组</td><td></td><td>组长</td><td></td><td>成员</td><td></td></tr>
<tr><td>任务要求</td><td colspan="6">掌握：1．工业机器人中喷涂工艺要求；
2．工业机器人中喷涂工具使用；
3．工业机器人中喷涂路径规划。</td></tr>
<tr><td>任务载体和资讯</td><td colspan="4">工业机器人喷涂</td><td colspan="2">要求：
根据任务载体熟悉工业机器人中的机械传动、气压传动和液压传动的工作原理。
资讯：
1．喷涂工艺要求；
2．喷涂工具使用；
3．喷涂路径规划。</td></tr>
<tr><td>资料查询情况</td><td colspan="6"></td></tr>
<tr><td>完成任务注意点</td><td colspan="6">1．正确认识工业机器人喷涂；
2．正确完成工业机器人喷涂示教。</td></tr>
</table>

5.1.1 工业机器人喷涂工艺要求

1. 喷涂机器人的分类

常见的喷涂机器人仍然采用结构上与普通 5 或 6 自由度的串联机器人相似的串联关节型机器人，在其末端安装自动喷枪。

（1）按照安装形式分类。按是否具有沿着车身输送链运行方向水平移动的功能，分为带轨道式机器人和固定安装式机器人；按安装位置的不同，分为落地式机器人和悬臂式机器人（图 5-1）。带轨道式机器人具有工作范围相对较大的优点，落地式机器人具有易于维护清洁的优点，悬臂式机器人则可减少喷房宽度尺寸，起到降低能耗的作用。

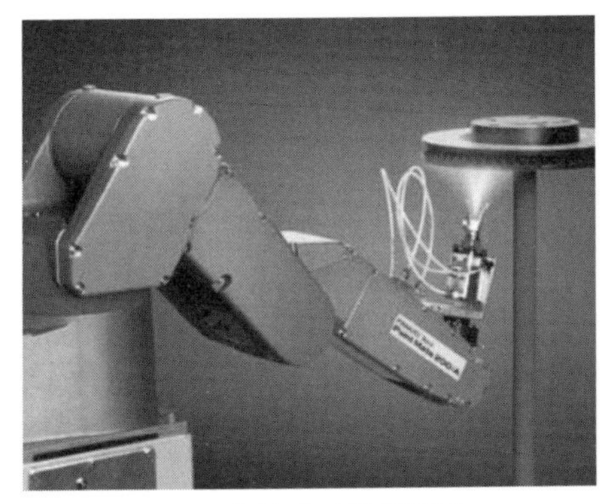

（a）落地式喷涂机器人

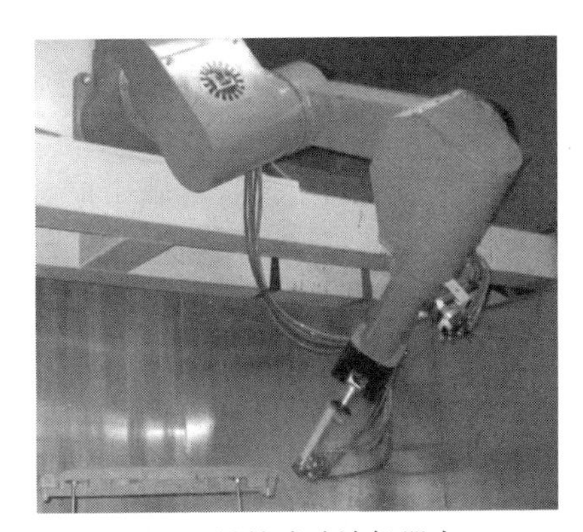

（b）悬挂式喷涂机器人

图 5-1　喷涂机器人

（2）按照有无气分类。

1）有气喷涂机器人。有气喷涂机器人也称低压有气喷涂机器人，喷涂机依靠低压空气使油漆在喷出枪口后形成雾化气流作用于物体表面（墙面或木器面）。有气喷涂相对于手刷而言无刷痕，而且平面相对均匀，单位工作时间短，可有效地缩短工期。但有气喷涂有飞溅现象，存在漆料浪费，在近距离查看时，可见极细微的颗粒状。一般有气喷涂采用装修行业通用的空气压缩机，可以一机多用，投资成本低，市面上也有抽气式有气喷涂机、自落式有气喷涂机等专用机械。

2）无气喷涂机器人。无气喷涂机器人可用于高黏度油漆的施工，而且边缘清晰，甚至可用于一些有边界要求的喷涂项目。根据机械类型可分为气动式无气喷涂机、电动式无气喷涂机、内燃式无气喷涂机、自动喷涂机等多种。另外需要注意的是，如果对金属表面进行喷涂处理，最好是选用金属漆（磁漆类）。

（3）按照手腕结构分类。

1）球型手腕喷涂机器人。球型手腕喷涂机器人与通用机器人手腕结构类似，手腕三个关节轴线相交于一点，即目前绝大多数商用机器人所采用的 Bendix 手腕。该手腕结构能够保证机器人运动学逆解具有解析解，便于离线编程的控制，但是由于其腕部第二关节不能实现360°周转，故工作空间相对较小。采用球型手腕的喷涂机器人多为紧凑型结构，其工作半径多在0.7～1.2m，多用于小型工件的涂装。

2）非球型手腕喷涂机器人。球型手腕喷涂机器人手腕的三个轴线并非像球型手腕机器人一样相交于一点，而是相交于两点。非球型手腕喷涂机器人相对于球型手腕喷涂机器人来说更适合于涂装作业。该型机器人每个腕都能达到 360°以上，手腕灵活性强，特别适用于复杂曲面及狭小空间内的涂装作业。但由于非球型手腕的运动学逆解没有解释，增大了机器人的控制难度，难以实现离线编程控制。

2. 喷涂机器人的选型

喷涂机器人在进行作业之前，机器人参数需要满足一定的要求，具体如下：

（1）机器人手臂可承受的最大载荷。对于不同的喷涂场合，喷涂（涂胶或喷漆）过程中配置的喷具不同，则要求机器人手臂的最大承载载荷也不同。

（2）机器人的重复精度。对于涂胶机器人而言，一般重复精度要达到0.5 mm。而对于喷漆机器人，重复的精度要求可低一些。

（3）机器人的工作轨迹范围。在选择机器人时需要保证机器人的工作轨迹范围必须能够完全覆盖所需施工工件的相关表面或内腔。当机器人的工作轨迹范围在输送运动方向上无法满足时，需要增加机器人的外部导轨来扩展其工作范围轨迹。

（4）机器人的运动速度及加速度。机器人的最大运动速度或最大加速度越大，就意味机器人在空行程所需的时间越短，则在一定节拍内机器人的绝对施工时间越长，可提高机器人使用率。所以机器人的最大运动速度及加速度也是一项重要的技术指标。但需要注意，在喷涂过程中，喷涂工具的运动速度与喷涂工具的特性及材料等因素直接相关，需要提高工艺要求设定。此外，由于机器人的技术指标与其价格直接相关，所以要根据工艺要求选择性价比高的机器。

3. 喷涂机器人工艺要求

（1）涂装效率、涂着效率和涂装有效率。涂装效率是喷涂作业效率，包含单位时间的喷涂面积、涂料和喷涂面积的有效利用率。涂着效率是喷涂过程中涂着在被涂物上的涂料量与实际喷出涂料总量之比，或被涂物面上层实测膜厚与由喷出涂料量计算的涂膜厚度之比，也就是涂料的传输效率（简称 TE）或涂着利用率。涂装有效率是指被涂物实际喷涂的表面积与喷枪运行的覆盖面积之比，为使被涂件的边断部位的涂膜完整，一般喷枪运行的覆盖面积应大于被涂物的面积。

（2）喷涂轨迹。喷涂轨迹指在喷涂过程中喷枪运行的顺序和行程，采用喷涂机器人可以模仿熟练喷涂工的喷涂轨迹。

（3）旋杯转速。旋杯转速是对高转速旋杯雾化细度影响最大的因素。当其他工艺参数不变时，旋杯的转速越大，涂料滴的直径越小。在稍低速范围内转速对雾化细度的影响比在高速范围内明显增大。当转速过低时会导致涂膜粗糙，而雾化过细会导致漆雾损失（引起过喷），使涂膜厚度有波动，同时当雾化超细时，会对喷漆室内的任何气流均十分敏感。

旋杯的过高转速除引起过喷外，还会导致透平轴承的过量磨损，增加清晰用压缩空气的消耗和降低涂膜所含溶剂量。最佳的旋杯转速可按所用涂料的流率特性而定，因而对于表面张力大的水性涂料、高黏度的双组分涂料的旋杯转速比普通溶剂型涂料的要高。一般情况下，空载旋杯转速为 6×10⁴r/min，负载时设定的转速范围为(1.0～4.2)×10⁴r/min 误差±500r/min。

它是单位时间内输给每个旋杯的涂料量，又称喷涂流量、出漆量（率）。除旋杯转速外，涂料流率是第二个影响雾化颗粒细度的因素。当其他参数不变的情况下，涂料流率越低，其雾化颗粒越细，但同时也会导致漆雾中溶剂挥发量增大。

涂料流率高会形成波纹状的涂膜，同时，当涂料流量过大使旋杯过载时，旋杯边缘的涂膜增厚至一定程度，导致旋杯上的沟槽纹路不能使涂料分流，并出现层状漆皮，这会产生气泡或涂料滴大小不均匀的不良现象。每支喷枪的最大涂料流率与高速旋杯的口径、转速、涂料的密度有关，其上限由雾化的细度和静电涂装的效果来决定。实践经验表明，涂料应在恒定的速度下输入，在小范围内的波动不会影响涂膜质量。

在实际的喷涂过程中每个旋杯所喷涂的区域不同，其涂料的流率也不相同。另外由于被涂物外形变化的原因，旋杯的涂料流率也要发生变化。以喷涂汽车车身为例，当喷涂门板等大面积时，吐出的涂料量要大，喷涂门立柱、窗立柱时，吐出的涂料量要小，并在喷涂过程中自动、精确地控制吐出的涂料量，才能保证涂层质量及涂膜厚度的均一，这也是提高涂料利用率的重要措施之一。

5.1.2　工业机器人的喷涂工具使用

1．喷涂机器人喷枪

对于涂装机器人，根据所采用的涂装工艺不同，机器人的喷枪及配备的涂装系统也存在差异。传统涂装工艺中，空气涂装与高压无气涂装仍在广泛使用，但近年来静电涂装，特别是旋杯式静电涂装工艺凭借其高质量、高效率、节能环保等优点已成为涂装的主要手段。

（1）空气喷涂。空气喷涂是目前油漆涂装施工中采用得比较多的一种涂饰工艺。自动空气喷枪如图 5-2 所示。空气喷涂是利用压缩空气的气流，流过喷枪喷嘴孔形成负压，负压使漆料从吸管吸入，经喷嘴喷出，形成漆雾，漆雾喷射到被涂饰零部件表面上形成均匀的漆膜。空气喷涂可以产生均匀的漆膜，涂层细腻光滑；对于零部件的较隐蔽部件（如缝隙、凹凸）也可均匀地喷涂。此种方法的涂料利用率较低，大约为 25%～35%。空气喷涂的优点是操作简便、涂装效率高、涂膜质量好；缺点是涂料消耗量大、环境污染较严重、对操作工人健康有损害、需要增设环保设施，适用于各种材质、形状大小不同的工件涂装，如机械、化工产品、船舶、车辆、电器、仪器仪表、玩具、纸张、钟表、乐器等。

图 5-2　自动空气喷枪

（2）高压无气喷涂。高压无气喷涂也称无气喷涂，是指使用高压柱塞泵，直接将油漆加压，形成高压力的油漆，喷出枪口形成雾化气流作用于物体表面（墙面或木器面）的一种喷涂方式。相对于有气喷涂而言，漆面均匀，无颗粒感。由于与空气隔绝，油漆干燥、干净，无气喷涂可用于高黏度油漆的施工，而且边缘清晰，甚至可用于一些有边界要求的喷涂项目。根据机械类型，也分为气动式无气喷涂机、电动式无气喷涂机、内燃式无气喷涂机等多种高压无气喷枪，如图 5-3 所示。

（3）静电喷涂。静电喷涂是利用高压静电电场使带负电的涂料微粒沿着与电场相反的方向定向运动，使涂料微粒吸附在工件表面的一种喷涂方法。静电喷涂设备由喷枪、喷杯和静电喷涂高压电源等组成，如图 5-4 所示。工作时，静电喷涂的喷枪（或喷盘、喷杯）中的涂料微粒部分接负极，工件接正极并接地，在高压电源的高电压作用下，喷枪（或喷盘、喷杯）的端部与工件之间就形成一个静电场。涂料微粒所受到的电场力与静电场的电压和涂料微粒的带电量成正比，而与喷枪和工件间的距离成反比，当电压足够高时，喷枪端部附近区域形成空气离子区，空气激烈地离子化和发热，使喷枪端部锐边或极针周围形成一个暗红色的暴圈，在黑暗中能明显看到，这时空气产生强烈的电晕放电。

图 5-3　高压无气喷枪

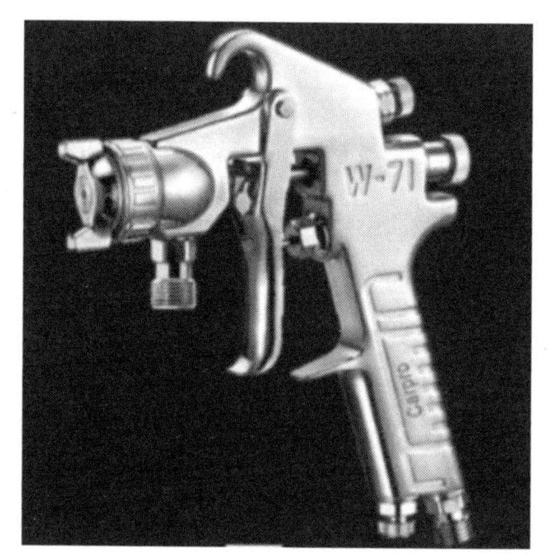

图 5-4　静电喷涂喷枪

静电喷涂一次可以得到较厚的涂层，例如涂覆 100～300μm 的涂层，用一般普通的溶剂涂料，约需涂覆 4～6 次，而用静电喷涂则一次就可以达到该厚度，涂层的耐腐性能很好。静电喷涂所用粉末涂料不含溶剂，无三废公害，改善了劳动卫生条件。采用静电喷涂等新工艺效率高，适用于自动流水线涂装，粉末利用率高，可回收使用。

2. 工业机器人喷涂工具安装

（1）喷涂工具安装。喷涂工具在使用过程中，需要考虑该工具的安装和气路的连接。图 5-5（a）所示为常见的工业机器人喷涂工具的安装方式。喷涂工具主要由喷嘴、空气接口和机械部件组成，其中 1 是喷嘴，2 和 3 是空气气管和空气接口。喷嘴负责完成工件的喷涂工作，空气接口通过气管连接气阀，如图 5-5（b）所示，空气可经由空气接口由喷嘴喷出，实现喷涂工艺要求。

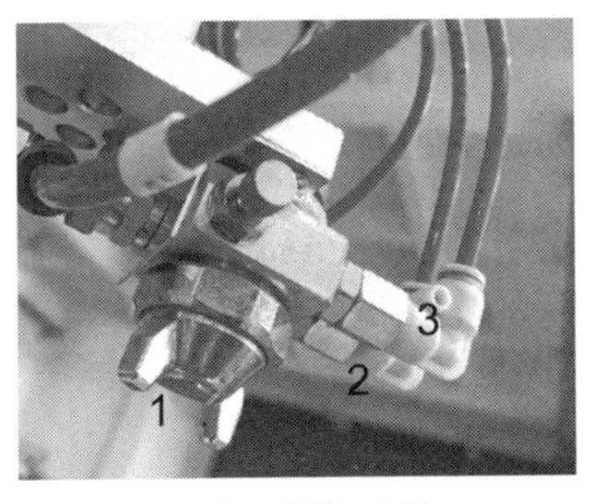

（a）喷涂工具

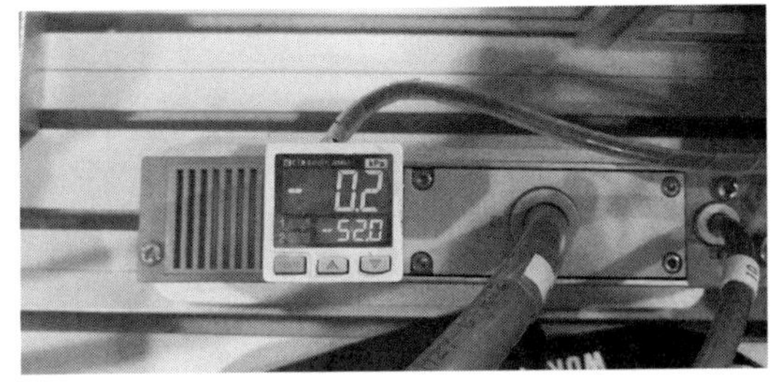

（b）空气发生器

图 5-5　工业机器人喷涂工具安装

（2）喷涂工具调试。在喷涂过程中，喷嘴的控制是通过 I/O 信号控制输出的。以本实验平台为例，当 D_OUT[18]=ON 时，喷嘴开始喷涂；当 D_OUT[18]=OFF 时，喷嘴停止工作。

1）I/O 信号读取。工业机器人的数字输出用于发出控制各种工具的信号，如吸盘、喷涂枪、激光笔等，数字输入是可以与外围设备进行交互的反馈信号，在示教器中找到数字量输入与输出的操作界面，如图 5-6 所示。其中“+100”和“−100”表示“在显示中切换到之前或之后的 100 个输入输出端”，“切换”表示“可在虚拟和实际输入/输出之间切换”，“值”表示“可将选中的 I/O 置为 TRUE 或 FALSE”，“说明”表示“给选中行的数字输入/输出添加解释说明，选中后单击可更改”，“保存”表示“保存 I/O”。

数字输入/输出端

序号	IO号	值	状态	说明
14	14	O	REAL	
15	15	O	REAL	
16	16	O	REAL	
17	17	O	REAL	真空反馈
18	18	O	REAL	
19	19	O	REAL	
20	20	O	REAL	
21	21	O	REAL	

-100　+100　切换　值　说明　保存

输入端　输出端

数字输入/输出端

序号	IO号	值	状态	说明
15	15	O	REAL	
16	16	O	REAL	
17	17	O	REAL	激光笔开关
18	18	O	REAL	喷涂开关
19	19	O	REAL	吸真空
20	20	O	REAL	破真空
21	21	O	REAL	
22	22	O	REAL	

-100　+100　切换　值　说明　保存

输入端　输出端

图 5-6　数字输入端与输出端

显示 I/O 读取页面的操作步骤：

步骤 1：在主菜单中选择“显示”→“输入/输出端”→“数字输入/输出端”。

步骤 2：单击选择特定的输入端/输出端，通过界面右边的按键对 I/O 进行操作。

2）I/O 信号设置。为了使用方便，通常会将该信号的输出控制与备用按键进行关联，在控制的时候就不需要进入到 I/O 界面中再进行操作，直接按示教器上的备用按键就可以控制吸盘。备用按键的位置是在示教器正面板的左下角，提供了 4 个按键供用户使用，如图 5-7 所示。

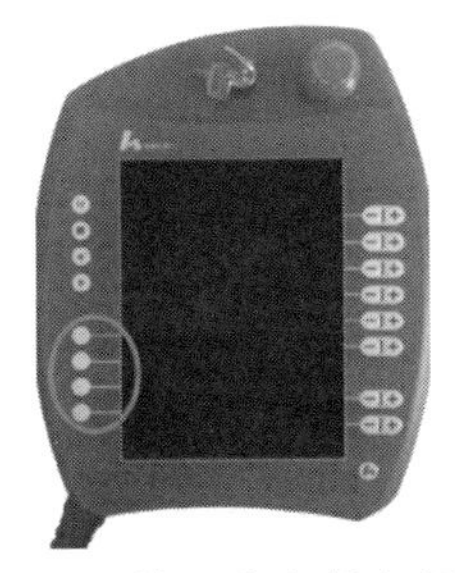

图 5-7　示教器盒上的备用按键

注意：备用按键只能在手动模式 T1 和 T2 与自动模式下使用，在外部模式开启后是不能使用的，当要进行按键设置时，要将系统管理权限设置为 super 用户。示教器提供的 4 个备用按键，用户可进行自定义配置关联按键按下后输出的控制指令。

配置备用按键的操作步骤如下（图 5-8）：

步骤 1：在 super 用户权限下，在主菜单里选择“配置”→“示教器配置”→“按键配置”选项，进入备用按键配置界面。

步骤 2：选择其中的序号，单击对应的“修改”按钮。

步骤 3：单击选择“功能类型”下拉框中的选项，选择 I/O 型。

步骤 4：在“DOUT 索引”输入框中输入 D_OUT[18]。

步骤 5：下拉后面的选项框选择 ON/OFF。

步骤 6：单击“确定”按钮，这样就完成了配置。

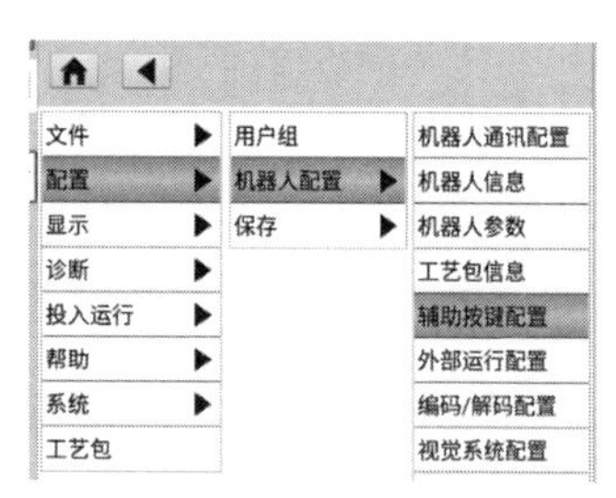

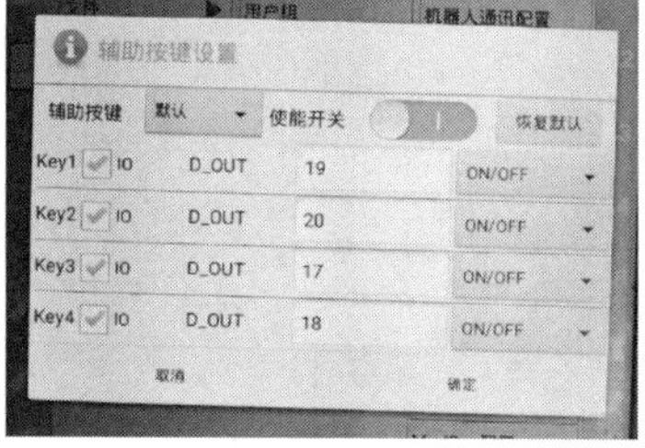

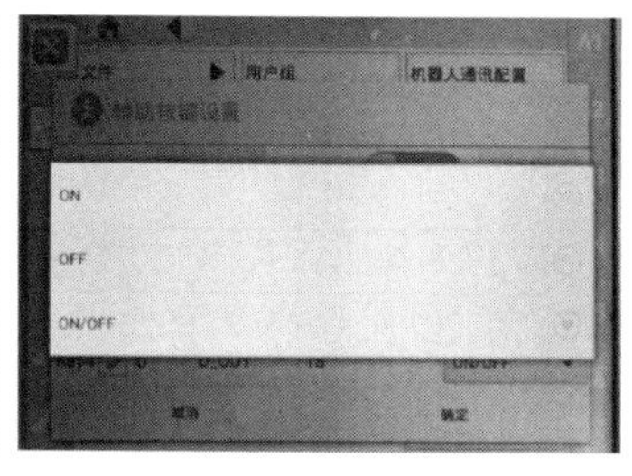

图 5-8　配置备用按键操作步骤

5.1.3 工业机器人的喷涂路径规划与示教

喷涂机器人的喷涂控制方法主要有两种：第一种是喷枪运动－工件静止模式；第二种是喷枪运动－工件运动模式如图 5-9 所示。

1. 喷枪运动－工件静止模式

在喷枪运动－工件静止模式中，工件先被送入喷涂工作区域中并固定好位置，在喷涂过程中，工件保持静止，喷枪按照设定的轨迹扫掠工件表面进行喷涂。

这种喷涂工作方式的好处是涂料用量可控，工件位置固定利于涂料附着，喷涂质量高；由于喷涂轨迹易于规划和控制，喷涂机器人的位置和姿态可以任意切换，满足工件不同表面甚至内表面（如框型工件内侧等）的喷涂。然而由于单工件作业的局限性，此种喷涂模式存在效率低下的缺点，不利于大批量生产。

2. 喷枪运动－工件运动模式

工件在传送带或者悬挂链的输送下，匀速通过喷涂区域；喷涂机器人手臂末端的喷枪垂直于工件的运动方向做往复运动，因此，在上述两个运动的合成下实现对各工件表面遍历喷涂的目的。这种喷涂模式有设备成本低、轨迹控制容易实现和生产效率高的特点，适合于大规模生产。因此采用这种模式的喷涂设备得到了广泛应用，但这种模式涂料用量难以控制。为保证喷涂质量，以及针对不同形状工件喷涂的完整性，喷涂辐射覆盖区域往往要大于甚至远大于工件的最大尺寸，造成涂料附着率低。工业生产中常使用涂料回收设施和空气净化装置来改善工作环境质量和减少涂料浪费。此外，由于该种工作模式下喷涂机的自由度小，可调整的位置姿态过于单一，致使有效喷涂区域受限。一些工件内部表面和角落无法获得完整的涂层，仍然需要人工补喷，无法完全实现自动流水作业。因此该模式较适合于形状结构单一的平面类工件的自动涂装作业。

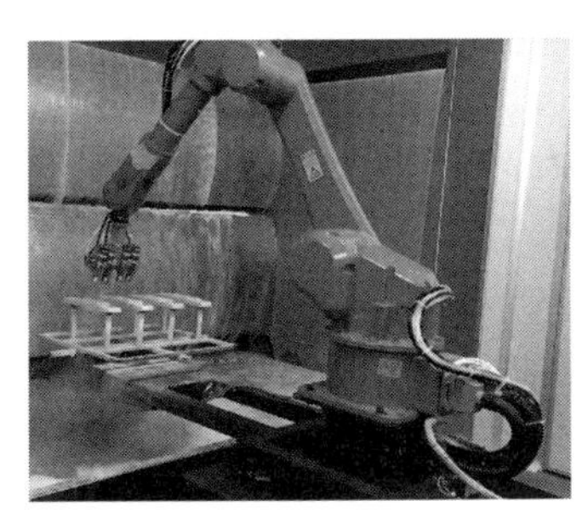

（a）喷枪运动－工件静止

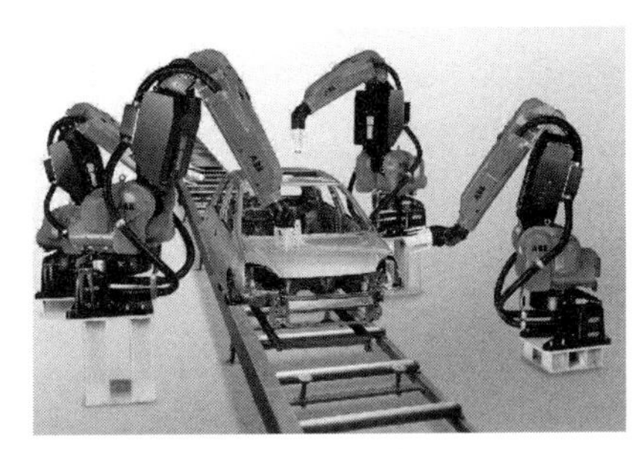

（b）喷枪运动－工件运动

图 5-9　工业机器人喷涂控制方法

1. 项目描述

本项目主要采用喷枪运动－工件运动的喷涂控制方法，使用工业机器人的喷涂工具完成对固定工件的喷涂工作，如图 5-10 所示，1 为喷涂工件，2 为喷涂工具。

图 5-10　喷涂机器人

喷涂工件位于工业机器人的外部轴上，所谓外部轴即除去机器人本体轴外，为了工作需要额外加上的轴。如图 5-10 所示的工业机器人为六轴机器人，本体有 6 个轴，为了使其在工作过程中扩大工作范围，可以增加工件旋转外部轴，或者称为第七轴，当机器人完成一个面的喷涂工作后，可通过旋转第七轴来配合完成所有面的喷涂工作。

2. 运动规划

喷涂应用实现主要需要实现以下动作：工业机器人原点检测→机器人初始点→打开喷枪→机器人运动并喷涂→喷涂结束关闭喷枪→工业机器人外部轴旋转→打开喷枪→机器人运动并喷涂→喷涂结束关闭喷枪→机器人回到初始位置→机器人回原点。

3. 路径规划

根据工业机器人运动规划，完成喷涂工件交接处的喷涂工作，当喷涂完一个面之后，移动机器人外部轴，让工件旋转移动到下一个喷涂面。

注意：示教任务时，需要在一定的坐标模式（关节坐标、基坐标、工具坐标、工件坐标）下选择一定的运动模式（增量模式和连续模式）手动控制机器人到达一定的位置。本次选择喷涂工具设定的工具坐标系和默认基坐标系。（工具坐标系的标定参照项目三）

当工件处于如图 5-11 所示的位置，亦即外部轴处于 ER[1]位置时，机器人由原点 JR[1]出发，先到达工件外部 JR[100]安全点并做好喷涂准备。之后移动到喷涂工件的第一个位置点 JR[101]并打开喷涂开关，接着沿着喷涂轨迹移动到 JR[102]，再到 JR[103]，最后至 JR[107]并关闭喷涂开关，经过过流点 JR[100]回到机器人原点位置 JR[1]。

接下来完成工件另一半的喷涂工作，将工业机器人外部轴旋转至 ER[2]，机器人同样由原点 JR[1]出发，先到达工件外部 JR[100]安全点并做好喷涂准备。之后移动到喷涂工件的第一个位置点 JR[101]并打开喷涂开关，接着沿着喷涂轨迹移动到 JR[102]，再到 JR[103]，最后到 JR[107]并关闭喷涂开关，经过过流点 JR[100]回到机器人原点位置 JR[1]。

图 5-11　喷涂示教点位

喷涂机器人寄存器点位及参数设置见表 5-1。

表 5-1　喷涂机器人寄存器点位及参数设置

序号	寄存器	作用
1	JR[1]	机器人原点
机器人示教点位		
2	JR[100]	工件外侧安全点
3	JR[101]	喷涂位置 1
4	JR[102]	喷涂位置 2
5	JR[103]	喷涂位置 3
6	JR[104]	喷涂位置 4
7	JR[105]	喷涂位置 5
8	JR[106]	喷涂位置 6
9	JR[107]	喷涂位置 7
机器人外部示教点位		
10	ER[1]	工件摆放位置 1（机器人外部轴旋转位置 1）
11	ER[2]	工件摆放位置 2（机器人外部轴旋转位置 2）
I/O 端口设置		
12	D_OUT[18]	喷涂开关

<table>
<tr><td>项　　目</td><td colspan="7">工业机器人喷涂</td></tr>
<tr><td>学 习 任 务</td><td colspan="5">任务 5.1：工业机器人喷涂示教</td><td>完成时间</td><td></td></tr>
<tr><td>任务完成人</td><td>学习小组</td><td></td><td>组长</td><td></td><td>成员</td><td colspan="2"></td></tr>
<tr><td colspan="8">1．简述工业机器人喷涂工艺及工具的选取。</td></tr>
<tr><td colspan="8">2．描述工业机器人喷涂路径的规划。</td></tr>
<tr><td colspan="8">3．描述工业机器人喷涂所需示教的点位。</td></tr>
</table>

喷涂示教与编程

任务 5.2 工业机器人喷涂编程

工业机器人喷涂工作任务单

<table>
<tr><td>项　　目</td><td colspan="6">工业机器人喷涂</td></tr>
<tr><td>学习任务</td><td colspan="4">任务 5.2：工业机器人喷涂编程</td><td>完成时间</td><td></td></tr>
<tr><td>任务完成人</td><td>学习小组</td><td></td><td>组长</td><td></td><td>成员</td><td></td></tr>
<tr><td>任务要求</td><td colspan="6">掌握：1．工业机器人外部轴的使用；
2．工业机器人喷涂工具设定；
3．工业机器人喷涂编程。</td></tr>
<tr><td>任务载体和资讯</td><td colspan="4">工业机器人喷涂应用</td><td colspan="2">要求：
根据任务载体熟悉工业机器人喷涂编程的步骤和方法，具备喷涂综合应用能力。
资讯：
1. 机器人外部指令编写方法和注意事项；
2．机器人喷涂指令的编写；
3．机器人圆弧指令的编写和应用；
4．机器人喷涂应用程序编写与调试。</td></tr>
<tr><td>资料查询情况</td><td colspan="6"></td></tr>
<tr><td>完成任务注意点</td><td colspan="6">1．正确认识工业机器人喷涂应用；
2．正确完成工业机器人喷涂示教；
3．实训中注意安全，严禁打闹。</td></tr>
</table>

5.2.1 外部轴指令设定

机器人在喷涂工作过程中，需要通过旋转外部轴来实现对工件所有面的喷涂。外部轴相当于器人的第七轴机，其位置数据存储于外部轴存储寄存器 ER[]中。本项目将喷涂工件两个外部轴数据分别存储于 ER[1]和 ER[2]中。

1. 外部轴指令设定

移动机器人到达外部轴指令，设定的具体操作步骤如下：

步骤 1：选中需要添加移动外部轴指令行的上一行。

步骤 2：选择“指令”→“移动指令”→MOVE。

步骤 3：在第二个下拉框中选择 EXT_AXES（图 5-12）。

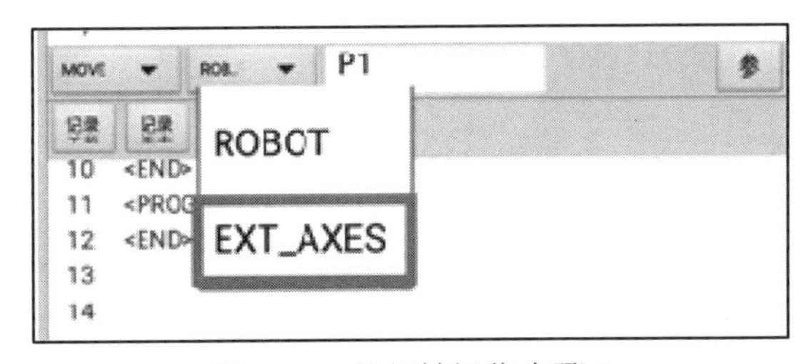

图 5-12　外部轴操作步骤 3

步骤 4：在第三个输入框中选择 ER 寄存器（图 5-13）。

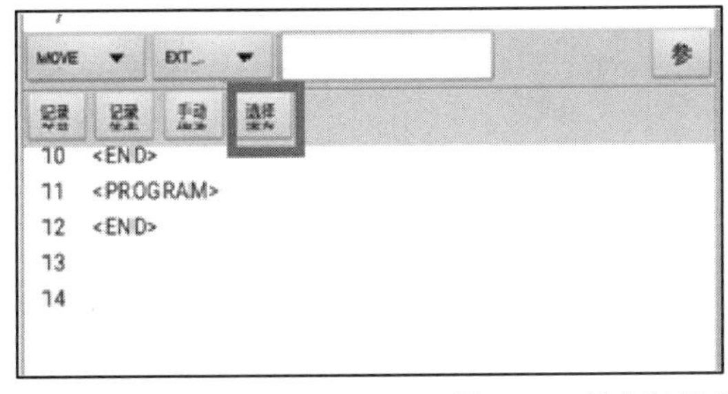

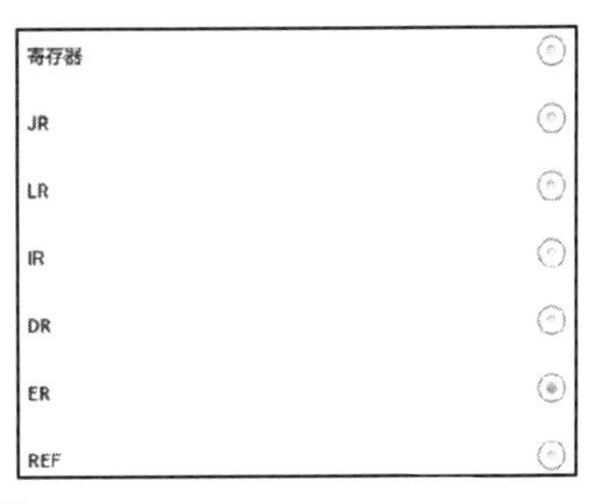

图 5-13　外部轴操作步骤 4

步骤 5：在输入框中输入寄存器索引号 ER[1]（图 5-14）。

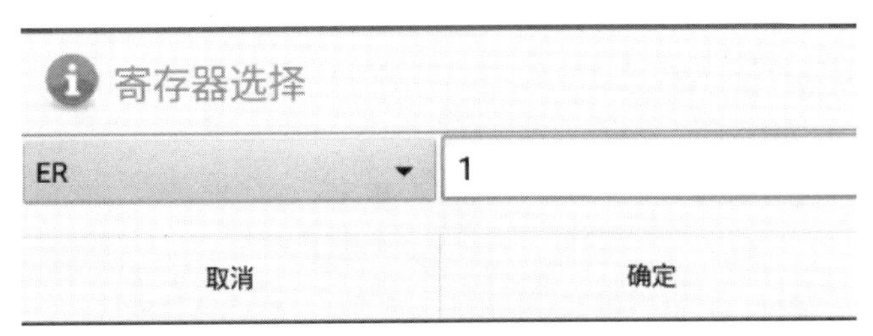

图 5-14　外部轴操作步骤 5

步骤 6：单击操作栏中的“确定”按钮。

2. 外部轴延时指令设定

外部轴的移动和机器人 6 轴移动可以同时进行，为了确保工件到达指定位置后机器人的 6 个关节轴才动作，需要在外部轴移动指令和机器人 6 轴移动之间加上延时指令。

机器人 6 轴延时指令为 DELAY ROBOT 1000，机器人外部轴延时指令略有不同为 DELAY EXT_AXES 1000。

机器人外部轴延时指令设定的具体操作步骤如下：

步骤 1：选中需要添加移动外部轴延时指令行的上一行。

步骤 2：选择“指令”→“延时指令”→DELAY（图 5-15）。

图 5-15 外部轴延时指令操作步骤 2

步骤 3：在第二个下拉框中选择 EXT_AXES（图 5-16）。

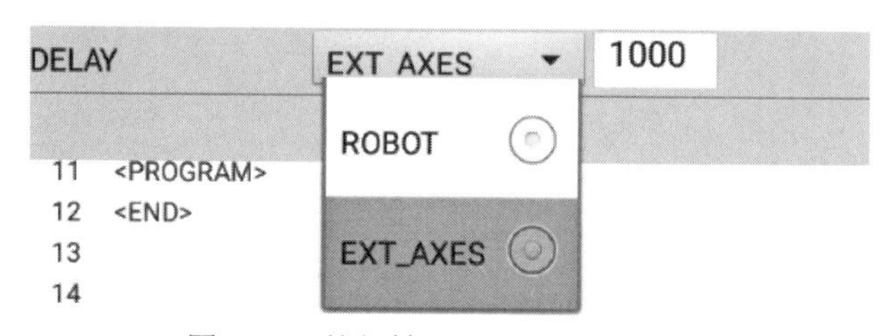

图 5-16 外部轴延时指令操作步骤 3

步骤 4：在输入框中输入延时时间。

步骤 5：单击操作栏中的“确定”按钮。

5.2.2 圆弧指令设定

机器人在喷涂工件交界线时，行走的是圆弧轨迹，CIRCLE P1,P2 圆弧指令表示机器人经过中间 P1 点到达 P2 点。

机器人圆弧指令设定的具体操作步骤如下：

步骤 1：选中需要添加圆弧指令行的上一行。

步骤 2：选择“指令”→“运动指令”→CIRCLE（图 5-17）。

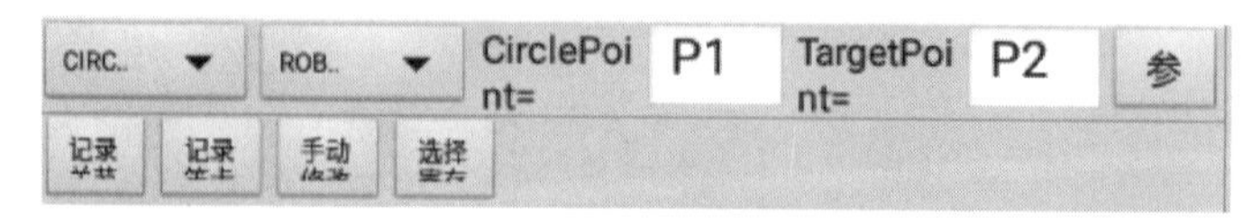

图 5-17 圆弧指令操作步骤 2

步骤 3：在第一个输入框的 P1 位置单击“选择寄存器”，再单击“寄存器”，选择 JR[]等相应示教的寄存器（图 5-18）。

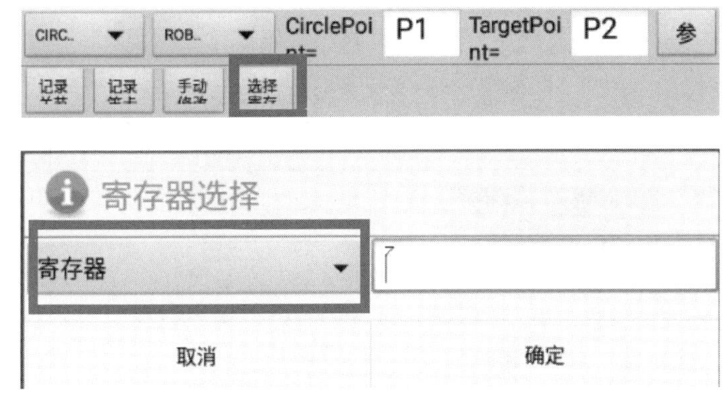

图 5-18　圆弧指令操作步骤 3

步骤 4：在输入框中输入寄存器索引号。

步骤 5：选择到达点“P2 输入框”，重复步骤 3 和步骤 4。

步骤 6：单击操作栏中的“确定”按钮。

5.2.3 喷涂工具指令设定

机器人在喷涂工作过程中，需要打开喷涂开关，空气压缩机将空气通过气管输出到喷枪，从而完成工件的喷涂工作。本项目中喷涂开关由 D_OUT[18]实现，当其为 ON 时，喷涂开关打开，机器人使用喷枪喷出空气；当其为 OFF 时，喷涂开关关闭，机器人停止喷出空气。

喷涂喷枪 I/O 端口的设定步骤如下：

步骤 1：选中需要添加喷涂开关 I/O 指令行的上一行。

步骤 2：选择“指令”→“I/O 指令”→D_OUT（图 5-19）。

步骤 3：在输入框中输入数字 18。

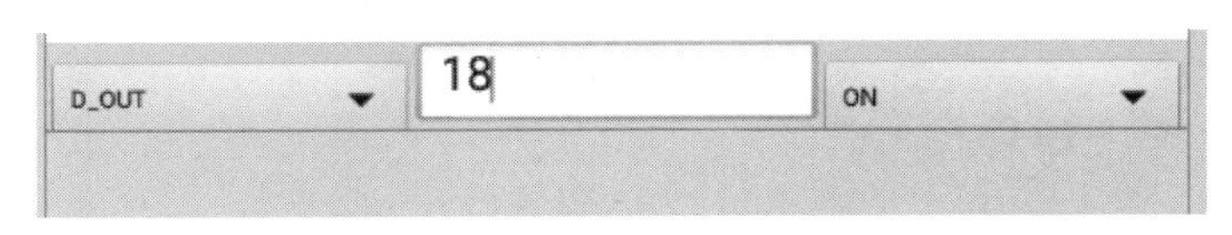

图 5-19　喷涂开关操作步骤 3

步骤 4：在最后一个下拉框中选择 ON，表示喷涂打开；若选择 OFF，表示喷涂关闭。

步骤 5：单击操作栏中的“确定”按钮。

5.2.4 喷涂应用编程

为了工业机器人能够实现喷涂任务的再现，就要把工业机器人的运动路径编写成程序，前面已经完成对喷涂任务的运动规划和路径规划，下面进行程序编写。

（1）新建名为 PENTU 的喷涂文件夹。

（2）新建或打开名为 PENTU1 的喷涂程序。

注意：在对程序完成编辑和修改后，要对该程序段进行保存才能加载运行，在程序加载后就不能再对程序进行修改了。

机器人喷涂应用程序见表 5-2。

表 5-2 机器人喷涂应用程序

序号	动作顺序	程序示例	动作名称
1		MOVE ROBOT JR[1]	机器人在工作原点
2		MOVE ROBOT JR[100] DELAY ROBOT 1000 MOVE EXT_AXES ER[1] DELAY EXT_AXES 1000	到达喷涂工件外部安全点，机器人外部轴移动到第一面喷涂位置
3		MOVE ROBOT JR[101] DELAY ROBOT 1000 D_OUT[18]=ON	到达第一个喷涂位置点并打开喷涂开关
4	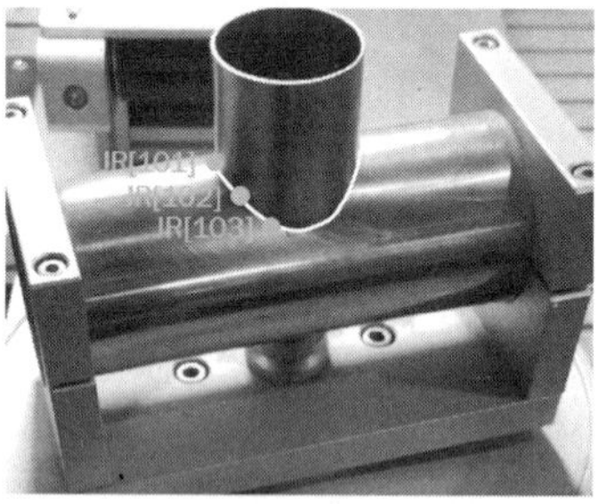	CIRCLE ROBOT CIRCLEPOINT=JR[102] TARGETPOINT=JR[103]	机器人喷涂移动位置从 JR[101]开始，经过 JR[102]，到达 JR[103]
5	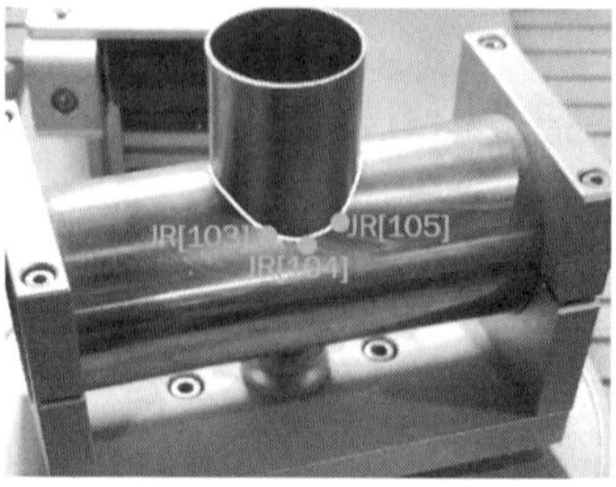	CIRCLE ROBOT CIRCLEPOINT=JR[104] TARGETPOINT=JR[105]	机器人喷涂移动位置从 JR[103]开始，经过 JR[104]，到达 JR[105]

续表

序号	动作顺序	程序示例	动作名称
6	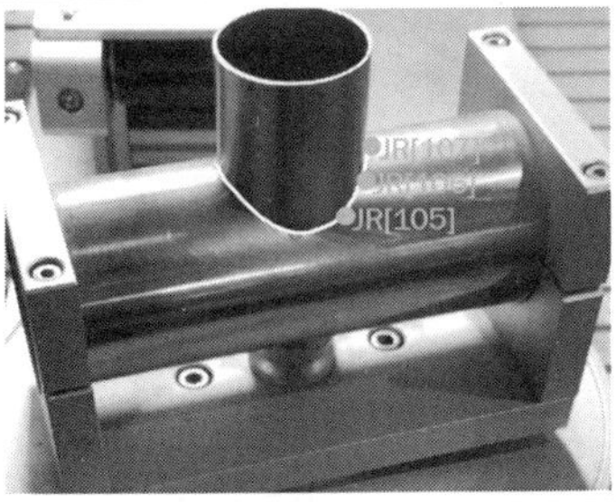	CIRCLE ROBOT CIRCLEPOINT=JR[106] TARGETPOINT=JR[107]	机器人喷涂移动位置从 JR[105]开始，经过 JR[106]，到达 JR[107]
7	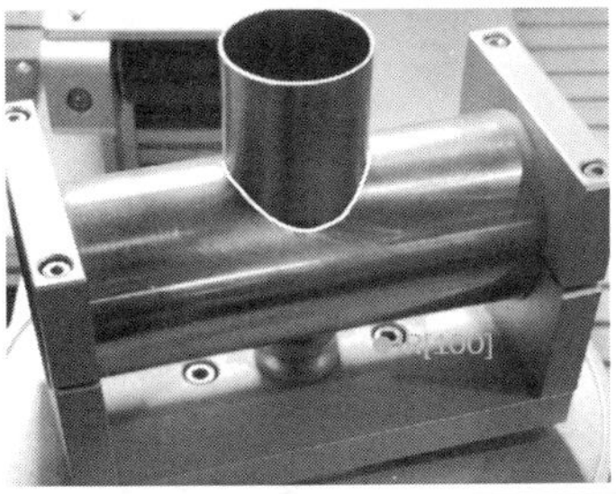	DELAY ROBOT 1000 D_OUT[18]=OFF MOVE ROBOT JR[100]	关闭喷涂开关，机器人到达工件外安全点
8		DELAY ROBOT 1000 MOVE EXT_AXES ER[2] DELAY EXT_AXES 1000	移动机器人外部轴，准备喷涂交接线的反面（注意一定要加延时，确保机器人运动到位再开始喷涂）
9		MOVE ROBOT JR[101] DELAY ROBOT 1000 D_OUT[18]=ON	因为交接线对称，到达反面第一个喷涂位置点并打开喷涂开关
10	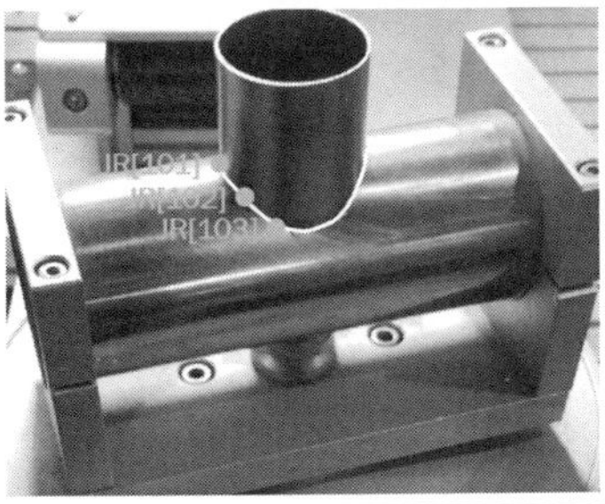	CIRCLE ROBOT CIRCLEPOINT=JR[102] TARGETPOINT=JR[103]	机器人喷涂移动位置从 JR[101]开始，经过 JR[102]，到达 JR[103]

续表

序号	动作顺序	程序示例	动作名称
11	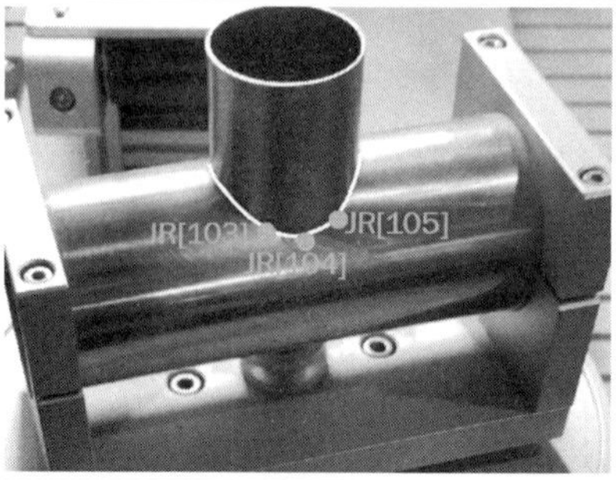 JR[103] JR[105] JR[104]	CIRCLE ROBOT CIRCLEPOINT=JR[104] TARGETPOINT=JR[105]	机器人喷涂移动位置从 JR[103]开始，经过 JR[104]，到达 JR[105]
12	 JR[107] JR[106] JR[105]	CIRCLE ROBOT CIRCLEPOINT=JR[106] TARGETPOINT=JR[107]	机器人喷涂移动位置从 JR[105]开始，经过 JR[106]，到达 JR[107]
13	 JR[100]	DELAY ROBOT 1000 D_OUT[18]=OFF MOVE ROBOT JR[100]	关闭喷涂开关，机器人到达工件外安全点
14		MOVE ROBOT JR[1]	机器人回到工作原点

任务实施

<table>
<tr><td>项　　目</td><td colspan="6">工业机器人喷涂</td></tr>
<tr><td>学习任务</td><td colspan="4">任务 5.2：工业机器人喷涂编程</td><td>完成时间</td><td></td></tr>
<tr><td>任务完成人</td><td>学习小组</td><td></td><td>组长</td><td></td><td>成员</td><td></td></tr>
<tr><td colspan="7">1．写出喷涂外部轴的作用及相关编程指令。</td></tr>
<tr><td colspan="7">2．写出圆弧指令的作用及格式。</td></tr>
<tr><td colspan="7">3．写出喷涂开关 I/O 编程指令。</td></tr>
<tr><td colspan="7">4．写出喷涂应用编程指令。</td></tr>
</table>

学习项目六　工业机器人快递打包分拣

- 掌握工业机器人快递打包分拣工具及其指令。
- 掌握工业机器人快递打包分拣运动规划。
- 能实现工业机器人快递打包分拣应用的示教与编程。

任务 6.1　工业机器人快递打包分拣示教

工业机器人快递打包分拣工作任务单

<table>
<tr><td>项　　目</td><td colspan="6">工业机器人快递打包分拣</td></tr>
<tr><td>学习任务</td><td colspan="5">任务 6.1：工业机器人快递打包分拣示教</td><td>完成时间</td><td></td></tr>
<tr><td>任务完成人</td><td>学习小组</td><td></td><td>组长</td><td></td><td>成员</td><td colspan="2"></td></tr>
<tr><td>任务要求</td><td colspan="7">掌握：1．工业机器人快递打包分拣任务要求；
2．工业机器人快递打包分拣运动规划。</td></tr>
<tr><td>任务载体和资讯</td><td colspan="5">工业机器人平台</td><td colspan="2">要求：
根据任务载体熟悉工业机器人快递打包分拣的任务要求、运动规划与示教。
资讯：
1．快递打包分拣任务要求；
2．快递打包分拣任务运动规划；
3. 快递打包分拣点位示教。</td></tr>
<tr><td>资料查询情况</td><td colspan="7"></td></tr>
<tr><td>完成任务注意点</td><td colspan="7">1．正确认识工业机器人快递打包运动规划；
2．正确完成工业机器人快递打包分拣示教。</td></tr>
</table>

6.1.1 快递打包分拣要求

1. 任务说明

如图 6-1 所示为快递发货仓，有三层，由远到近编号分别为长方形 1～8 号、正方形 1～4 号、圆形 1～4 号。程序写好后，任意输入 2 个长方形编号、1 个正方形编号和 1 个圆形编号，则机器人去货仓对应的位置取料码垛。打包后的情况如图 6-2 所示，底层为 2 个长方形，中间为 1 个正方形，最上面为 1 个圆形。

图 6-1　快递发货仓

图 6-2　快递打包完成结果

2. 寄存器与示教点位分配

（1）编号录入位置，见表 6-1。

表 6-1　编号录入位置

编号	长方形一	长方形二	正方形	圆形
存储位置	IR[101]	IR[102]	IR[103]	IR[104]

（2）示教点位及含义，见表 6-2。

表 6-2 示教点位及含义

JR 序号	定义	IR 序号	定义
JR[1]	机器人原点	IR[101]	需要搬运的长方形编号 1
JR[2]	取料预备点（示教）	IR[102]	需要搬运的长方形编号 2
JR[3]	放料预备点（示教）	IR[103]	需要搬运的正方形编号
		IR[104]	需要搬运的圆形编号
LR 序号	定义	LR 序号	定义
LR[110]	用于计算	LR[123]	正方形 3 号取料点（示教）
LR[111]	长方形 1 号取料点（示教）	LR[124]	正方形 4 号取料点（示教）
LR[112]	长方形 2 号取料点（示教）	LR[130]	用于计算
LR[113]	长方形 3 号取料点（示教）	LR[131]	圆形 1 号取料点（示教）
LR[114]	长方形 4 号取料点（示教）	LR[132]	圆形 2 号取料点（示教）
LR[115]	长方形 5 号取料点（示教）	LR[133]	圆形 3 号取料点（示教）
LR[116]	长方形 6 号取料点（示教）	LR[134]	圆形 4 号取料点（示教）
LR[117]	长方形 7 号取料点（示教）	LR[151]	长方形放料点 1（示教）
LR[118]	长方形 8 号取料点（示教）	LR[152]	长方形放料点 2（示教）
LR[120]	用于计算	LR[153]	正方形放料点（示教）
LR[121]	正方形 1 号取料点（示教）	LR[154]	圆形放料点（示教）
LR[122]	正方形 2 号取料点（示教）		

3. 测试说明

（1）程序完成后，随意放入 2 个长方形、1 个正方形、1 个圆形，假设放入的编号为表 6-3 所列。

表 6-3 假设录入编写

编号	长方形一	长方形二	正方形	圆形
存储位置	IR[101]	IR[102]	IR[103]	IR[104]
值	3	7	1	3

手动录入以上编号，开始运行程序，则机器人将编号为 3 和 7 的长方形码垛在底层，编号为 1 的正方形码垛在中层，编号为 3 的圆形码垛在顶层。

（2）每次测试数据随机录入，以取料的编号正确性和码垛的完成度计分。

6.1.2 运动规划与示教

要完成快递打包分拣任务的示教编程，需要经过 4 个主要工作环节：运动规划、示教前的准备、点位示教、程序编写与调试。

1. 运动规划

机器人搬运动作可以分解成初始化、取料、放料、复位等一系列子任务，还可以进一步分解为回原点、移动至取料预备点、移动至工件正上方、直线移动到吸取点、吸取工件等一系列动作，如图 6-3 所示。

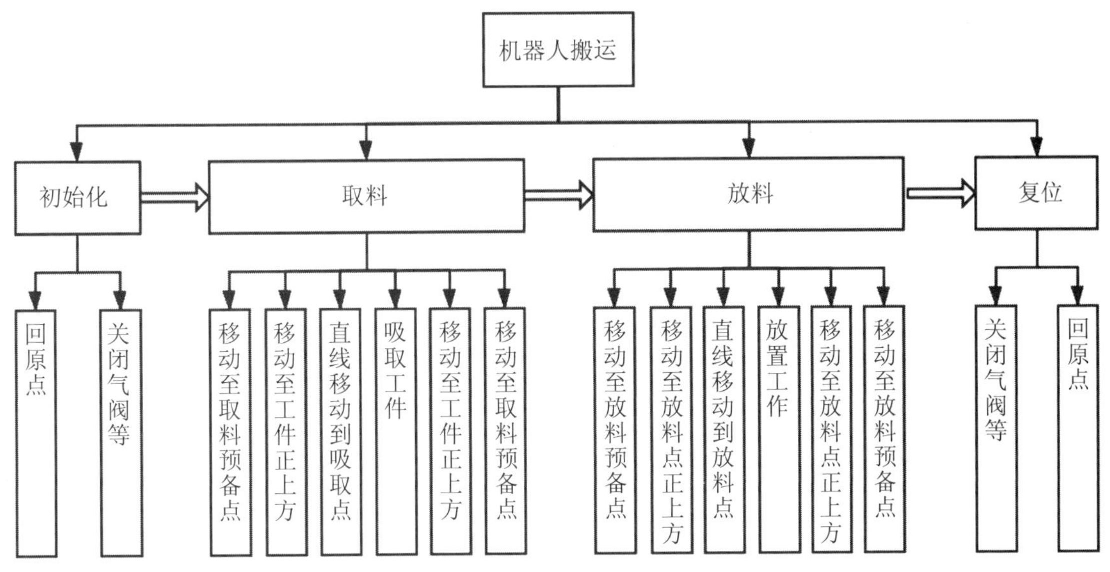

图 6-3　运动规划

2. 点位示教

为了使机器人的动作能够进行再现，就必须将机器人运动过程中的点位记录下来，通过运动指令把点位变成可以控制的运动轨迹来实现示教编程。

（1）取料预备点示教，如图 6-4 所示。

（2）放料预备点示教，如图 6-5 所示。

图 6-4　取料预备点

图 6-5　放料预备点

任务实施

<table>
<tr><td>项　　目</td><td colspan="6">工业机器人快递打包分拣</td></tr>
<tr><td>学 习 任 务</td><td colspan="4">任务 6.1：工业机器人快递打包分拣示教</td><td>完成时间</td><td></td></tr>
<tr><td>任务完成人</td><td>学习小组</td><td></td><td>组长</td><td></td><td>成员</td><td></td></tr>
<tr><td colspan="7">1．记录取料预备点和放料预备点的坐标值。</td></tr>
<tr><td colspan="7">2．用画图的方式描绘工业机器人搬运方形物料的运动轨迹。</td></tr>
<tr><td colspan="7">3．取料预备点和放料预备点为什么要用关节坐标来记录，如果用世界坐标来记录会出现什么情况？</td></tr>
</table>

任务 6.2　工业机器人快递打包分拣编程

工业机器人快递打包分拣工作任务单

<table>
<tr><td>项　　目</td><td colspan="6">工业机器人快递打包分拣</td></tr>
<tr><td>学习任务</td><td colspan="4">任务 6.2：工业机器人快递打包分拣编程</td><td>完成时间</td><td></td></tr>
<tr><td>任务完成人</td><td>学习小组</td><td></td><td>组长</td><td></td><td>成员</td><td></td></tr>
<tr><td>任务要求</td><td colspan="6">掌握：1．工业机器人快递打包分拣编程指令；
2．工业机器人快递打包分拣编程流程；
3．工业机器人快递打包分拣程序的优化与调试。</td></tr>
<tr><td>任务载体和资讯</td><td colspan="5">自动上料模块
机器人夹具
605 机器人
立体仓库模块
视觉 PC 平台
标定工具
码垛工作台
操作面板
总控上位软件
工业机器人平台</td><td>要求：
根据任务载体熟悉工业机器人快递打包分拣的编程指令、编程流程、程序的优化与调试。
资讯：
1. 快递打包分拣任务指令；
2. 快递打包分拣任务编程；
3. 快递打包分拣程序的优化与调试。</td></tr>
<tr><td>资料查询情况</td><td colspan="6"></td></tr>
<tr><td>完成任务注意点</td><td colspan="6">1．正确认识工业机器人快递打包分拣指令；
2．正确完成工业机器人快递打包分拣编程；
3．实训中注意安全，严禁打闹。</td></tr>
</table>

6.2.1 条件指令

条件指令

指令说明：

```
IF IR[1]=1 THEN            '如果 IR[1]寄存器中的值等于 1
  MOVE ROBOT JR[1]         '机器人回原点（JR[1]为系统默认原点）
END IF                     '条件指令结束
```

上述指令表示，当 IR[1]寄存器中的值等于 1 时，则执行机器人回原点动作；如果 IR[1]寄存器中的值不等于 1，则不满足条件，不执行 THEN 后面的代码，直接跳到 END IF 后面执行其他代码。

条件指令用于机器人程序中的运动逻辑控制，用来控制程序在某种条件成立的情况下才执行相应的操作。其含义是“（IF）如果...成立，（THEN）则...，一直到（END IF）才结束”，包括了 IF THEN 和 END IF 两个指令。

1. IF THEN

操作步骤：

（1）选定需要添加 IF 指令行的前一行。

（2）选择“指令”→“条件指令”→IF。

（3）单击选项，此时可以增加、修改、删除条件，在记录该语句时会按照添加顺序依次连接条件列表，如图 6-6 所示。

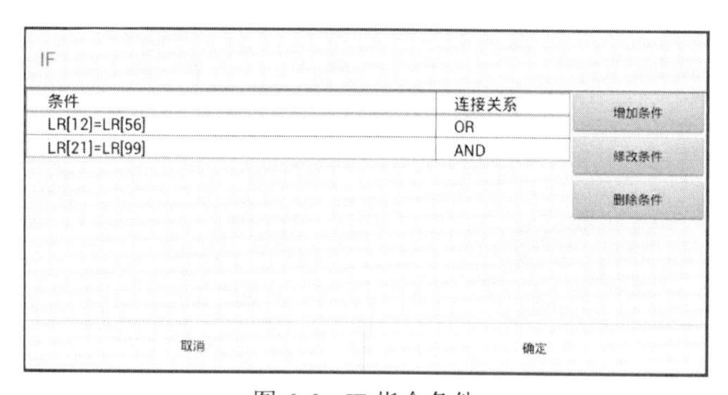

图 6-6 IF 指令条件

（4）单击操作栏中的“确定”按钮，添加 IF 指令完成，如图 6-7 所示。

图 6-7 IF 指令添加

2. END IF

操作步骤：

（1）选定需要添加 END IF 指令行的前一行。

（2）选择“指令”→“条件指令”→END IF。

（3）单击操作栏中的“确定”按钮，添加 END IF 指令完成。

3. 使用技巧

IF 和 END IF 必须联合配对使用，将条件运行程序块置于两条指令之间，如果缺了一个指令则在加载程序时会报语法错误。因此在输入代码时，输入 IF THEN 后立即输入 END IF，养成这种习惯可以防止代码输入过长以后忘记输入 END IF，以避免一些不必要的语法错误。

```
IF... THEN
  ...
END IF
```

6.2.2 分拣编程与调试

1. 任务分解

根据整体要求可以将任务分为三个子任务来完成。

（1）子任务一：从货仓的 4 个正方形中任意搬运一个到码垛区。程序完成后，随机输入编号，把对应编号的货物搬运到码垛区。正方形编号存储在 IR[103]中。

（2）子任务二：从货仓的 4 个正方形中任意搬运一个到码垛区，从货仓的 4 个圆形中任意搬运一个到码垛区。程序完成后，随机输入两个编号，把对应编号的货物搬运到码垛区。正方形编号存储在 IR[103]中，圆形编号存储在 IR[104]中。

（3）子任务三：从货仓的 8 个长方形中任意搬运两个到码垛区。程序完成后，随机输入两个编号，把对应编号的货物搬运到码垛区。长方形编号存储在 IR[101]和 IR[102]中。

任务分解的目的：

（1）一个复杂的任务都是由一些小任务组合而成。把整体任务拆分成子任务，由部分到整体，由简单到复杂，可以更加清晰地了解整个过程。

（2）通过拆分的子任务可以提前优化程序和调试，其他任务大同小异，可以提高编程效率。

2. 程序编写

子任务一是三个任务中最基础的部分，完成了子任务一，其他任务都可以参考它来完成，因此以子任务一为例来说明。

（1）寄存器定义与说明，见表 6-4。

表 6-4　寄存器定义与说明

JR 序号	定义	IR 序号	定义	LR 序号	定义
JR[1]	机器人原点	IR[103]	需要搬运的正方形编号	LR[121]	正方形 1 号取料点（示教）
JR[2]	取料预备点（示教）			LR[122]	正方形 2 号取料点（示教）
JR[3]	放料预备点（示教）			LR[123]	正方形 3 号取料点（示教）
				LR[124]	正方形 4 号取料点（示教）
				LR[153]	正方形放料点（示教）
				LR[199]	{0,0,50,0,0,0}（手动输入）

（2）参考程序。

```
' (ADD YOUR COMMON/COMMON SHARED VARIABLE HERE)
PROGRAM                              '程序开始
' (ADD YOUR DIM VARIABLE HERE)
WITH ROBOT                           '选择华数机器人
ATTACH ROBOT                         '绑定机器人
ATTACH EXT_AXES                      '绑定外部轴
'WHILE TRUE                          '无限循环
' (WRITE YOUR CODE HERE)

IF IR[103]=1 THEN                    '取第一个正方形
MOVE ROBOT JR[1]                     '回原点
D_OUT[19]=OFF                        '真空关
MOVE ROBOT JR[2]                     '取料预备点
MOVE ROBOT LR[121]+LR[199]           '取料点正上方一点
MOVES ROBOT LR[121]                  '取料点
DELAY 1000                           '延迟
D_OUT[19]=ON                         '吸气
SLEEP 100                            '延迟
MOVES ROBOT LR[121]+LR[199]          '取料上方一点
MOVE ROBOT JR[2]                     '取料预备点
MOVE ROBOT JR[3]                     '放料预备点
MOVE ROBOT LR[153]+LR[199]           '放料上方一点
MOVES ROBOT LR[153]                  '放料点
DELAY 1000                           '延迟
D_OUT[19]=OFF                        '取消吸气
SLEEP 100                            '延迟
MOVES ROBOT LR[153]+LR[199]          '放料上方一点
MOVE ROBOT JR[3]                     '放料预备点
MOVE ROBOT JR[1]                     '回原点
END IF                               '条件结束

IF IR[103]=2 THEN                    '取第二个正方形
MOVE ROBOT JR[1]                     '回原点
D_OUT[19]=OFF                        '真空关
MOVE ROBOT JR[2]                     '取料预备点
MOVE ROBOT LR[122]+LR[199]           '取料点正上方一点
MOVES ROBOT LR[122]                  '取料点
DELAY 1000                           '延迟
D_OUT[19]=ON                         '吸气
SLEEP 100                            '延迟
MOVES ROBOT LR[122]+LR[199]          '取料上方一点
```

```
MOVE ROBOT JR[2]                    '取料预备点
MOVE ROBOT JR[3]                    '放料预备点
MOVE ROBOT LR[153]+LR[199]          '放料上方一点
MOVES ROBOT LR[153]                 '放料点
DELAY 1000                          '延迟
D_OUT[19]=OFF                       '取消吸气
SLEEP 100                           '延迟
MOVES ROBOT LR[153]+LR[199]         '放料上方一点
MOVE ROBOT JR[3]                    '放料预备点
MOVE ROBOT JR[1]                    '回原点
END IF                              '条件结束

IF IR[103]=3 THEN                   '取第三个正方形
MOVE ROBOT JR[1]                    '回原点
D_OUT[19]=OFF                       '真空关
MOVE ROBOT JR[2]                    '取料预备点
MOVE ROBOT LR[123]+LR[199]          '取料点正上方一点
MOVES ROBOT LR[123]                 '取料点
DELAY 1000                          '延迟
D_OUT[19]=ON                        '吸气
SLEEP 100                           '延迟
MOVES ROBOT LR[123]+LR[199]         '取料上方一点
MOVE ROBOT JR[2]                    '取料预备点
MOVE ROBOT JR[3]                    '放料预备点
MOVE ROBOT LR[153]+LR[199]          '放料上方一点
MOVES ROBOT LR[153]                 '放料点
DELAY 1000                          '延迟
D_OUT[19]=OFF                       '取消吸气
SLEEP 100                           '延迟
MOVES ROBOT LR[153]+LR[199]         '放料上方一点
MOVE ROBOT JR[3]                    '放料预备点
MOVE ROBOT JR[1]                    '回原点
END IF                              '条件结束

IF IR[103]=4 THEN                   '取第四个正方形
MOVE ROBOT JR[1]                    '回原点
D_OUT[19]=OFF                       '真空关
MOVE ROBOT JR[2]                    '取料预备点
MOVE ROBOT LR[124]+LR[199]          '取料点正上方一点
MOVES ROBOT LR[124]                 '取料点
DELAY 1000                          '延迟
D_OUT[19]=ON                        '吸气
```

```
SLEEP 100                              '延迟
MOVES ROBOT LR[124]+LR[199]            '取料上方一点
MOVE ROBOT JR[2]                       '取料预备点
MOVE ROBOT JR[3]                       '放料预备点
MOVE ROBOT LR[153]+LR[199]             '放料上方一点
MOVES ROBOT LR[153]                    '放料点
DELAY 1000                             '延迟
D_OUT[19]=OFF                          '取消吸气
SLEEP 100                              '延迟
MOVES ROBOT LR[153]+LR[199]            '放料上方一点
MOVE ROBOT JR[3]                       '放料预备点
MOVE ROBOT JR[1]                       '回原点
END IF                                 '条件结束

'SLEEP 100                             '延时 100ms，CPU 休眠
'END WHILE                             '循环结束
DETACH ROBOT                           '解除机器人绑定
DETACH EXT_AXES                        '解除外部轴绑定
END WITH                               '结束机器人组选择
END PROGRAM                            '程序结束
```

（3）程序说明。以上程序实现了分解子任务一的要求，当 IR[103]为 1 和 4 之间的任意值时，通过 IF 指令区分需要搬运的正方形编号，从而实现 1～4 号正方形的搬运任务。

3. 程序优化

通过子任务一程序的编写过程，可以发现有很多重复的机器人程序，因此可以优化程序。

（1）提取公共部分。

寄存器定义与说明见表 6-5。

表 6-5 寄存器定义与说明

JR 序号	定义	LR 序号	定义
JR[1]	机器人原点	LR[121]	正方形 1 号取料点（示教）
JR[2]	取料预备点（示教）	LR[122]	正方形 2 号取料点（示教）
JR[3]	放料预备点（示教）	LR[123]	正方形 3 号取料点（示教）
		LR[124]	正方形 4 号取料点（示教）
IR 序号	定义	LR[153]	正方形放料点（示教）
IR[103]	需要搬运的正方形编号	LR[199]	{0,0,50,0,0,0}（手动输入）

提取的公共部分已加粗显示，参考代码如下：

```
' (ADD YOUR COMMON/COMMON SHARED VARIABLE HERE)
PROGRAM                                '程序开始
' (ADD YOUR DIM VARIABLE HERE)
WITH ROBOT                             '选择华数机器人
```

```
ATTACH ROBOT                        '绑定机器人
ATTACH EXT_AXES                     '绑定外部轴
'WHILE TRUE                         '无限循环
' (WRITE YOUR CODE HERE)

MOVE ROBOT JR[1]                    '回原点
D_OUT[19]=OFF                       '真空关
MOVE ROBOT JR[2]                    '取料预备点

IF IR[103]=1 THEN                   '取第一个正方形
MOVE ROBOT LR[121]+LR[199]          '取料点正上方一点
MOVES ROBOT LR[121]                 '取料点
DELAY 1000                          '延迟
D_OUT[19]=ON                        '吸气
SLEEP 100                           '延迟
MOVES ROBOT LR[121]+LR[199]         '取料上方一点
END IF                              '条件结束

IF IR[103]=2 THEN                   '取第二个正方形
MOVE ROBOT LR[122]+LR[199]          '取料点正上方一点
MOVES ROBOT LR[122]                 '取料点
DELAY 1000                          '延迟
D_OUT[19]=ON                        '吸气
SLEEP 100                           '延迟
MOVES ROBOT LR[122]+LR[199]         '取料上方一点
END IF                              '条件结束

IF IR[103]=3 THEN                   '取第三个正方形
MOVE ROBOT LR[123]+LR[199]          '取料点正上方一点
MOVES ROBOT LR[123]                 '取料点
DELAY 1000                          '延迟
D_OUT[19]=ON                        '吸气
SLEEP 100                           '延迟
MOVES ROBOT LR[123]+LR[199]         '取料上方一点
END IF                              '条件结束

IF IR[103]=4 THEN                   '取第四个正方形
MOVE ROBOT LR[124]+LR[199]          '取料点正上方一点
MOVES ROBOT LR[124]                 '取料点
DELAY 1000                          '延迟
D_OUT[19]=ON                        '吸气
SLEEP 100                           '延迟
MOVES ROBOT LR[124]+LR[199]         '取料上方一点
END IF                              '条件结束
```

```
MOVE ROBOT JR[2]                    '取料预备点
MOVE ROBOT JR[3]                    '放料预备点
MOVE ROBOT LR[153]+LR[199]          '放料上方一点
MOVES ROBOT LR[153]                 '放料点
DELAY 1000                          '延迟
D_OUT[19]=OFF                       '取消吸气
SLEEP 100                           '延迟
MOVES ROBOT LR[153]+LR[199]         '放料上方一点
MOVE ROBOT JR[3]                    '放料预备点
MOVE ROBOT JR[1]                    '回原点

'SLEEP 100                          '延时 100ms，CPU 休眠
'END WHILE                          '循环结束
DETACH ROBOT                        '解除机器人绑定
DETACH EXT_AXES                     '解除外部轴绑定
END WITH                            '结束机器人组选择
END PROGRAM                         '程序结束
```

（2）利用坐标序号偏移量。

寄存器定义与说明见表 6-6。

表 6-6　寄存器定义与说明

JR 序号	定义	LR 序号	定义
JR[1]	机器人原点	LR[120]	用于计算
JR[2]	取料预备点（示教）	LR[121]	正方形 1 号取料点（示教）
JR[3]	放料预备点（示教）	LR[122]	正方形 2 号取料点（示教）
		LR[123]	正方形 3 号取料点（示教）
IR 序号	**定义**	LR[124]	正方形 4 号取料点（示教）
IR[103]	需要搬运的正方形编号	LR[153]	正方形放料点（示教）
		LR[199]	{0,0,50,0,0,0}（手动输入）

修改的代码已加粗显示，参考代码如下：

```
' (ADD YOUR COMMON/COMMON SHARED VARIABLE HERE)
PROGRAM                             '程序开始
' (ADD YOUR DIM VARIABLE HERE)
WITH ROBOT                          '选择华数机器人
ATTACH ROBOT                        '绑定机器人
ATTACH EXT_AXES                     '绑定外部轴
'WHILE TRUE                         '无限循环
' (WRITE YOUR CODE HERE)
MOVE ROBOT JR[1]                    '回原点
D_OUT[19]=OFF                       '真空关
```

```
MOVE ROBOT JR[2]                        '取料预备点
IF IR[103]>=1 AND R[103]<=4 THEN        '取 1～4 中的一个正方形
MOVE ROBOT LR[120+IR[103]]+LR[199]      '取料点正上方一点
MOVES ROBOT LR[120+IR[103]]             '取料点
DELAY 1000                              '延迟
D_OUT[19]=ON                            '吸气
SLEEP 100                               '延迟
MOVE ROBOT LR[120+IR[103]]+LR[199]      '取料点正上方一点
END IF                                  '条件结束
MOVE ROBOT JR[2]                        '取料预备点
MOVE ROBOT JR[3]                        '放料预备点
MOVE ROBOT LR[153]+LR[199]              '放料上方一点
MOVES ROBOT LR[153]                     '放料点
DELAY 1000                              '延迟
D_OUT[19]=OFF                           '取消吸气
SLEEP 100                               '延迟
MOVES ROBOT LR[153]+LR[199]             '放料上方一点
MOVE ROBOT JR[3]                        '放料预备点
MOVE ROBOT JR[1]                        '回原点
'SLEEP 100                              '延时 100ms，CPU 休眠
'END WHILE                              '循环结束
DETACH ROBOT                            '解除机器人绑定
DETACH EXT_AXES                         '解除外部轴绑定
END WITH                                '结束机器人组选择
END PROGRAM                             '程序结束
```

（3）子程序。

寄存器定义与说明见表 6-7。

表 6-7 寄存器定义与说明

JR 序号	定义	LR 序号	定义
JR[1]	机器人原点	LR[120]	用于计算
JR[2]	取料预备点（示教）	LR[121]	正方形 1 号取料点（示教）
JR[3]	放料预备点（示教）	LR[122]	正方形 2 号取料点（示教）
		LR[123]	正方形 3 号取料点（示教）
IR 序号	**定义**	LR[124]	正方形 4 号取料点（示教）
IR[103]	需要搬运的正方形编号	LR[153]	正方形放料点（示教）
		LR[199]	{0,0,50,0,0,0}（手动输入）
		LR[180]	子程序取料点
		LR[190]	子程序放料点

修改的代码已加粗显示，参考代码如下：

```
'取料子程序
PUBLIC SUB QL
' (WRITE YOUR CODE HERE)
MOVE ROBOT JR[2]                          '取料预备点
MOVE ROBOT LR[180]+LR[199]                '取料点正上方一点
MOVES ROBOT LR[180]                       '取料点
DELAY 1000                                '延迟
D_OUT[19]=ON                              '吸气
SLEEP 100                                 '延迟
MOVES ROBOT LR[180]+LR[199]               '取料点上方一点
MOVE ROBOT JR[2]                          '取料预备点
END SUB

'放料子程序
PUBLIC SUB FL
' (WRITE YOUR CODE HERE)
MOVE ROBOT JR[3]                          '放料预备点
MOVE ROBOT LR[190]+LR[199]                '放料点正上方一点
MOVES ROBOT LR[190]                       '放料点
DELAY 1000                                '延迟
D_OUT[19]=OFF                             '取消吸气
SLEEP 100                                 '延迟
MOVES ROBOT LR[190]+LR[199]               '放料点上方一点
MOVE ROBOT JR[3]                          '放料预备点
END SUB

'主程序
' (ADD YOUR COMMON/COMMON SHARED VARIABLE HERE )
PROGRAM                                   '程序开始
' (ADD YOUR DIM VARIABLE HERE)
WITH ROBOT                                '选择华数机器人
ATTACH ROBOT                              '绑定机器人
ATTACH EXT_AXES                           '绑定外部轴
'WHILE TRUE                               '无限循环
'  （WRITE YOUR CODE HERE）

MOVE ROBOT JR[1]                          '回原点
D_OUT[19]=OFF                             '真空关

IF IR[103]>=1 AND R[103]<=4 THEN          '取 1～4 中的一个正方形
LR[180]=LR[120+IR[103]]                   '装载取料目标点
CALL QL                                   '调用取料子程序
LR[190]=LR[153]                           '装载放料目标点
```

```
CALL FL                          '调用放料子程序
END IF                           '条件结束

MOVE ROBOT JR[1]                 '回原点

'SLEEP 100                       '延时 100ms，CPU 休眠
'END WHILE                       '循环结束
DETACH ROBOT                     '解除机器人绑定
DETACH EXT_AXES                  '解除外部轴绑定
END WITH                         '结束机器人组选择
END PROGRAM                      '程序结束
```

4. 任务调试

（1）子任务二参考程序。

寄存器定义与说明见表 6-8。

表 6-8　寄存器定义与说明

JR 序号	定义	LR 序号	定义
JR[1]	机器人原点	LR[120]	用于计算
JR[2]	取料预备点（示教）	LR[121]	正方形 1 号取料点（示教）
JR[3]	放料预备点（示教）	LR[122]	正方形 2 号取料点（示教）
		LR[123]	正方形 3 号取料点（示教）
IR 序号	定义	LR[124]	正方形 4 号取料点（示教）
IR[103]	需要搬运的正方形编号	LR[130]	用于计算
IR[104]	需要搬运的圆形编号	LR[131]	圆形 1 号取料点（示教）
		LR[132]	圆形 2 号取料点（示教）
		LR[133]	圆形 3 号取料点（示教）
		LR[134]	圆形 4 号取料点（示教）
		LR[153]	正方形放料点（示教）
		LR[154]	圆形放料点（示教）
		LR[199]	{0,0,50,0,0,0}（手动输入）
		LR[180]	子程序取料点
		LR[190]	子程序放料点

```
'取料子程序
PUBLIC SUB QL
' (WRITE YOUR CODE HERE)
MOVE ROBOT JR[2]                 '取料预备点
MOVE ROBOT LR[180]+LR[199]       '取料点正上方一点
MOVES ROBOT LR[180]              '取料点
DELAY 1000                       '延迟
D_OUT[19]=ON                     '吸气
```

```
SLEEP 100                            '延迟
MOVES ROBOT LR[180]+LR[199]          '取料点上方一点
MOVE ROBOT JR[2]                     '取料预备点
END SUB

'放料子程序
PUBLIC SUB FL
' (WRITE YOUR CODE HERE)
MOVE ROBOT JR[3]                     '放料预备点
MOVE ROBOT LR[190]+LR[199]           '放料点正上方一点
MOVES ROBOT LR[190]                  '放料点
DELAY 1000                           '延迟
D_OUT[19]=OFF                        '取消吸气
SLEEP 100                            '延迟
MOVES ROBOT LR[190]+LR[199]          '放料点上方一点
MOVE ROBOT JR[3]                     '放料预备点
END SUB

'主程序
' (ADD YOUR COMMON/COMMON SHARED VARIABLE HERE)
PROGRAM                              '程序开始
' (ADD YOUR DIM VARIABLE HERE)
WITH ROBOT                           '选择华数机器人
ATTACH ROBOT                         '绑定机器人
ATTACH EXT_AXES                      '绑定外部轴
'WHILE TRUE                          '无限循环
' (WRITE YOUR CODE HERE)
MOVE ROBOT JR[1]                     '回原点
D_OUT[19]=OFF                        '真空关
IF IR[103]>=1 AND R[103]<=4 THEN     '取 1～4 中的一个正方形
LR[180]=LR[120+IR[103]]              '装载取料目标点
CALL QL                              '调用取料子程序
LR[190]=LR[153]                      '装载放料目标点
CALL FL                              '调用放料子程序
END IF                               '条件结束
IF IR[104]>=1 AND R[104]<=4 THEN     '取 1～4 中的一个圆形
LR[180]=LR[130+IR[104]]              '装载取料目标点
CALL QL                              '调用取料子程序
LR[190]=LR[154]                      '装载放料目标点
CALL FL                              '调用放料子程序
END IF                               '条件结束
MOVE ROBOT JR[1]                     '回原点
'SLEEP 100                           '延时 100ms，CPU 休眠
```

```
'END WHILE                    '循环结束
DETACH ROBOT                  '解除机器人绑定
DETACH EXT_AXES               '解除外部轴绑定
END WITH                      '结束机器人组选择
END PROGRAM                   '程序结束
```

（2）子任务三参考程序。

寄存器定义与说明见表 6-9。

表 6-9　寄存器定义与说明

JR 序号	定义	LR 序号	定义
JR[1]	机器人原点	LR[110]	用于计算
JR[2]	取料预备点（示教）	LR[111]	长方形 1 号取料点（示教）
JR[3]	放料预备点（示教）	LR[112]	长方形 2 号取料点（示教）
		LR[113]	长方形 3 号取料点（示教）
IR 序号	**定义**	LR[114]	长方形 4 号取料点（示教）
IR[101]	需要搬运的长方形编号 1	LR[115]	长方形 5 号取料点（示教）
IR[102]	需要搬运的长方形编号 2	LR[116]	长方形 6 号取料点（示教）
		LR[117]	长方形 7 号取料点（示教）
		LR[118]	长方形 8 号取料点（示教）
		LR[151]	长方形放料点 1（示教）
		LR[152]	长方形放料点 2（示教）
		LR[180]	子程序取料点
		LR[190]	子程序放料点
		LR[199]	{0,0,50,0,0,0}（手动输入）

```
'取料子程序
PUBLIC SUB QL
' (WRITE YOUR CODE HERE)
MOVE ROBOT JR[2]                   '取料预备点
MOVE ROBOT LR[180]+LR[199]         '取料点正上方一点
MOVES ROBOT LR[180]                '取料点
DELAY 1000                         '延迟
D_OUT[19]=ON                       '吸气
SLEEP 100                          '延迟
MOVES ROBOT LR[180]+LR[199]        '取料点上方一点
MOVE ROBOT JR[2]                   '取料预备点
END SUB

'放料子程序
PUBLIC SUB FL
```

```
' (WRITE YOUR CODE HERE)
MOVE ROBOT JR[3]                        '放料预备点
MOVE ROBOT LR[190]+LR[199]              '放料点正上方一点
MOVES ROBOT LR[190]                     '放料点
DELAY 1000                              '延迟
D_OUT[19]=OFF                           '取消吸气
SLEEP 100                               '延迟
MOVES ROBOT LR[190]+LR[199]             '放料点上方一点
MOVE ROBOT JR[3]                        '放料预备点
END SUB

'主程序
' (ADD YOUR COMMON/COMMON SHARED VARIABLE HERE)
PROGRAM                                 '程序开始
' (ADD YOUR DIM VARIABLE HERE)
WITH ROBOT                              '选择华数机器人
ATTACH ROBOT                            '绑定机器人
ATTACH EXT_AXES                         '绑定外部轴
'WHILE TRUE                             '无限循环
' (WRITE YOUR CODE HERE)
MOVE ROBOT JR[1]                        '回原点
D_OUT[19]=OFF                           '真空关
IF IR[101]>=1 AND R[101]<=8 THEN        '取 1～8 中的一个长方形
LR[180]=LR[110+IR[101]]                 '装载取料目标点
CALL QL                                 '调用取料子程序
LR[190]=LR[151]                         '装载放料目标点
CALL FL                                 '调用放料子程序
END IF                                  '条件结束
IF IR[102]>=1 AND R[102]<=8 THEN        '取 1～8 中的一个长方形
LR[180]=LR[110+IR[102]]                 '装载取料目标点
CALL QL                                 '调用取料子程序
LR[190]=LR[152]                         '装载放料目标点
CALL FL                                 '调用放料子程序
END IF                                  '条件结束
MOVE ROBOT JR[1]                        '回原点
'SLEEP 100                              '延时 100ms，CPU 休眠
'END WHILE                              '循环结束
DETACH ROBOT                            '解除机器人绑定
DETACH EXT_AXES                         '解除外部轴绑定
END WITH                                '结束机器人组选择
END PROGRAM                             '程序结束
```

（3）整体任务参考程序。

寄存器定义与说明见表 6-10。

表 6-10 寄存器定义与说明

JR 序号	定义	IR 序号	定义
JR[1]	机器人原点	IR[101]	需要搬运的长方形编号 1
JR[2]	取料预备点（示教）	IR[102]	需要搬运的长方形编号 2
JR[3]	放料预备点（示教）	IR[103]	需要搬运的正方形编号
		IR[104]	需要搬运的圆形编号
LR 序号	**定义**	**LR 序号**	**定义**
LR[110]	用于计算	LR[124]	正方形 4 号取料点（示教）
LR[111]	长方形 1 号取料点（示教）	LR[130]	用于计算
LR[112]	长方形 2 号取料点（示教）	LR[131]	圆形 1 号取料点（示教）
LR[113]	长方形 3 号取料点（示教）	LR[132]	圆形 2 号取料点（示教）
LR[114]	长方形 4 号取料点（示教）	LR[133]	圆形 3 号取料点（示教）
LR[115]	长方形 5 号取料点（示教）	LR[134]	圆形 4 号取料点（示教）
LR[116]	长方形 6 号取料点（示教）	LR[151]	长方形放料点 1（示教）
LR[117]	长方形 7 号取料点（示教）	LR[152]	长方形放料点 2（示教）
LR[118]	长方形 8 号取料点（示教）	LR[153]	正方形放料点（示教）
LR[120]	用于计算	LR[154]	圆形放料点（示教）
LR[121]	正方形 1 号取料点（示教）	LR[180]	子程序取料点
LR[122]	正方形 2 号取料点（示教）	LR[190]	子程序放料点
LR[123]	正方形 3 号取料点（示教）	LR[199]	{0,0,50,0,0,0}（手动输入）

```
'取料子程序
PUBLIC SUB QL
' (WRITE YOUR CODE HERE)
MOVE ROBOT JR[2]                    '取料预备点
MOVE ROBOT LR[180]+LR[199]          '取料点正上方一点
MOVES ROBOT LR[180]                 '取料点
DELAY 1000                          '延迟
D_OUT[19]=ON                        '吸气
SLEEP 100                           '延迟
MOVES ROBOT LR[180]+LR[199]         '取料点上方一点
MOVE ROBOT JR[2]                    '取料预备点
END SUB

'放料子程序
PUBLIC SUB FL
' (WRITE YOUR CODE HERE)
MOVE ROBOT JR[3]                    '放料预备点
MOVE ROBOT LR[190]+LR[199]          '放料点正上方一点
MOVES ROBOT LR[190]                 '放料点
DELAY 1000                          '延迟
```

```
D_OUT[19]=OFF                          '取消吸气
SLEEP 100                              '延迟
MOVES ROBOT LR[190]+LR[199]            '放料点上方一点
MOVE ROBOT JR[3]                       '放料预备点
END SUB

'主程序
' (ADD YOUR COMMON/COMMON SHARED VARIABLE HERE)
PROGRAM                                '程序开始
' (ADD YOUR DIM VARIABLE HERE)
WITH ROBOT                             '选择华数机器人
ATTACH ROBOT                           '绑定机器人
ATTACH EXT_AXES                        '绑定外部轴
'WHILE TRUE                            '无限循环
' (WRITE YOUR CODE HERE)
MOVE ROBOT JR[1]                       '回原点
D_OUT[19]=OFF                          '真空关
IF IR[101]>=1 AND R[101]<=8 THEN       '取 1～8 中的一个长方形
LR[180]=LR[110+IR[101]]                '装载取料目标点
CALL QL                                '调用取料子程序
LR[190]=LR[151]                        '装载放料目标点
CALL FL                                '调用放料子程序
END IF                                 '条件结束
IF IR[102]>=1 AND R[102]<=8 THEN       '取 1～8 中的一个长方形
LR[180]=LR[110+IR[102]]                '装载取料目标点
CALL QL                                '调用取料子程序
LR[190]=LR[152]                        '装载放料目标点
CALL FL                                '调用放料子程序
END IF                                 '条件结束
IF IR[103]>=1 AND R[103]<=4 THEN       '取 1～4 中的一个正方形
LR[180]=LR[120+IR[103]]                '装载取料目标点
CALL QL                                '调用取料子程序
LR[190]=LR[153]                        '装载放料目标点
CALL FL                                '调用放料子程序
END IF                                 '条件结束
IF IR[104]>=1 AND R[104]<=4 THEN       '取 1～4 中的一个圆形
LR[180]=LR[130+IR[104]]                '装载取料目标点
CALL QL                                '调用取料子程序
LR[190]=LR[154]                        '装载放料目标点
CALL FL                                '调用放料子程序
END IF                                 '条件结束
MOVE ROBOT JR[1]                       '回原点
'SLEEP 100                             '延时 100ms，CPU 休眠
'END WHILE                             '循环结束
DETACH ROBOT                           '解除机器人绑定
DETACH EXT_AXES                        '解除外部轴绑定
END WITH                               '结束机器人组选择
END PROGRAM                            '程序结束
```

<table>
<tr><td>项　　目</td><td colspan="6">工业机器人快递打包分拣</td></tr>
<tr><td>学 习 任 务</td><td colspan="4">任务 6.2：工业机器人快递打包分拣编程</td><td>完成时间</td><td></td></tr>
<tr><td>任务完成人</td><td>学习小组</td><td></td><td>组长</td><td></td><td>成员</td><td></td></tr>
<tr><td colspan="7">1．记录编程过程中出现的一个问题及解决问题的方法。</td></tr>
<tr><td colspan="7">2．使用子程序有哪些优点？</td></tr>
<tr><td colspan="7">3．分析打包分拣任务完成过程中放料过程存在偏差的原因。</td></tr>
</table>

学习项目七　工业机器人视觉识别

- 认识工业机器人视觉识别系统的各个组成部分。
- 理解工业机器人视觉识别系统的工作原理。
- 能够实现工业机器人视觉识别系统的设置与调试。

任务 7.1　工业机器人视觉识别概述

工业机器人视觉识别工作任务单

<table>
<tr><td>项　　目</td><td colspan="7">工业机器人视觉识别</td></tr>
<tr><td>学习任务</td><td colspan="5">任务 7.1：工业机器人视觉识别概述</td><td>完成时间</td><td></td></tr>
<tr><td>任务完成人</td><td>学习小组</td><td></td><td>组长</td><td></td><td>成员</td><td colspan="2"></td></tr>
<tr><td>任务要求</td><td colspan="7">掌握：1．工业机器人视觉识别系统的组成；
2．工业机器人视觉识别系统的工作原理；</td></tr>
<tr><td>任务载体和资讯</td><td colspan="5">自动上料模块　机器人夹具　605 机器人　立体仓库模块　视觉 PC 平台　标定工具　码垛工作台　操作面板　总控上位软件
工业机器人平台</td><td colspan="2">要求：
根据任务载体熟悉工业机器人平台中视觉识别系统的组成和工作原理。
资讯：
1．视觉识别的相机；
2．视觉识别的光源；
3．视觉识别的软件。</td></tr>
<tr><td>资料查询情况</td><td colspan="7"></td></tr>
<tr><td>完成任务注意点</td><td colspan="7">1．正确认识工业机器人视觉识别系统的组成与工作原理；
2．实训中注意安全，严禁打闹。</td></tr>
</table>

7.1.1 视觉识别简介

机器视觉系统就是利用机器代替人眼，使机器人具有像人一样的视觉功能，从而实现各种检测、判断、识别、测量等功能。它是计算科学的一个重要分支，综合了光学、机械、电子、计算机软硬件等方面的技术，涉及计算机、图像处理、模式识别、人工智能、信号处理、光机电一体化等多个领域。图像处理和模式识别等技术的快速发展大大地推动了视觉识别技术的发展。

1. 视觉引导系统的作用

在来料位置不固定，来料型号多样化并且颜色有差异时，通过视觉系统可以识别来料型号、颜色并定位到物体坐标，引导机器人将物体放置在指定区域。

2. 视觉引导系统的原理

视觉软件通过多点标定的方法将图像坐标系与机器人坐标系建立关系，使用颜色查找工具来识别物体颜色，通过模板匹配的方法定位到目标物的坐标并传送给机器人控制器，引导机器人抓取已定位到的目标。

3. 视觉系统的工作过程

机器视觉系统通过图像采集硬件（相机、镜头、光源等）将被摄取目标转换成图像信号并传送给专用的图像处理系统，图像处理系统根据像素亮度、颜色分布等信息对目标进行特征抽取并作出相应判断，最终将处理结果输出到执行单元进行使用，简单地说，就是进行图像采集、图像处理、传输图像处理结果。

机器视觉系统的工作流程主要分为图像信息获取、图像信息处理和机电系统执行检测结果 3 个部分。根据系统需要还可以实时地通过人机界面进行参数设置和调整。

当被检测的对象运动到某一设定位置时会被位置传感器发现，位置传感器向 PLC 控制器发送“探测到被检测物体”的电脉冲信号，PLC 控制器经过计算得出何时物体将移动到机器视觉摄像机的采集位置，然后准确地向图像采集卡发送触发信号，采集卡检测到此信号后会立即要求机器视觉摄像机采集图像。被采集到的物体图像会以 BMP 文件格式送到工控机，系统调用专用的分析工具软件对图像进行分析处理，得出被检测对象是否符合预设要求的结论，根据“合格”或“不合格”信号，执行机构会对被检测物体作出相应的处理。系统如此循环工作，完成对被检测物体队列的连续处理。

一个完整的机器视觉系统的主要工作过程如下：

（1）工件位置传感器探测到被检测物体已经运动到接近机器视觉相机系统的视野中心时向机器视觉检测系统的图像采集单元发送触发脉冲。

（2）机器视觉系统的图像采集单元按照事先设定的程序和延时分别向相机和照明系统发出触发脉冲。

（3）机器视觉相机停止目前的扫描，重新开始新的一帧扫描，或者机器视觉相机在触发脉冲来到之前处于等待状态，触发脉冲到来后启动一帧扫描。

（4）机器视觉相机在开始新的一帧扫描之前打开电子快门，曝光时间可以事先设定。

（5）另一个触发脉冲打开灯光照明，灯光的开启时间应该与机器视觉相机的曝光时间相匹配。

（6）机器视觉相机曝光后，正式开始新一帧图像的扫描和输出。

（7）机器视觉系统的图像采集单元接收模拟视频信号，通过 A/D 转换器将其数字化，或者是直接接收机器视觉相机数字化后的数字视频信号。

（8）图像采集部分将数字图像存放在处理器或计算机的内存中。

（9）处理器对图像进行处理、分析、识别，获得测量结果或逻辑控制值。

（10）处理结果控制流水线的动作，进行定位、纠正运动的误差等。

从上述的工作流程可以看出，机器视觉系统是一种相对复杂的系统。大多监控和检测对象都是运动的物体，系统与运动物体的匹配和协调动作尤为重要，所以对系统各部分的动作时间和处理速度提出了严格的要求。在某些应用领域，如机器人、飞行物体制导等，对整个系统或者系统的一部分的重量、体积和功耗等都有严格的要求。

尽管机器视觉应用各异，但都包含以下几个过程：

（1）图像采集：光学系统采集图像，将图像转换成数字格式并传入计算机存储器。

（2）图像处理：处理器运用不同的算法来提高对检测有影响的图像因素。

（3）特征提取：处理器识别并量化图像的关键特征，如位置、数量、面积等，然后将这些数据传送给控制程序。

（4）判别和控制：处理器的控制程序根据接收到的数据信息得出结论。

7.1.2 视觉识别平台组成

平台组成

一个典型的机器视觉系统包括图像采集单元（光源、镜头、相机、采集卡、机械平台）、图像处理分析单元（工控主机、图像处理分析软件、图形交互界面）、执行单元（电传单元、机械单元）三大部分。

1. 图像采集单元

图像采集单元主要由光源、镜头、相机、采集卡和机械平台组成。下面主要介绍光源、镜头、相机、采集卡。

（1）光源。光源是影响机器视觉系统输入的重要因素，它直接影响图像的质量和效果。针对每个特定的应用案例，要选择相应的光源及打光方式，以达到最佳效果。

光源可分为可见光和不可见光。常用的几种可见光源是白炽灯、日光灯、水银灯和钠光灯。可见光对图像质量的影响在于其性能的稳定性。如何使光在一定的程度上保持稳定，是实用化过程中亟需解决的问题。另一方面，环境光有可能影响图像的质量，可采用加防护屏的方法来减少影响。

光源系统的照射方法可分为背向照明、前向照明、结构光照明和频闪光照明等。其中，背向照明的被测物放在光源和摄像机之间，它的优点是能获得高对比度的图像；前向照明的光源和摄像机位于被测物的同侧，这种方式便于安装；结构光照明是将光栅或线光源等投射到被测物上，根据它们产生的畸变解调出被测物的三维信息的照明；频闪光照明是将高频率的光脉冲照射到物体上，摄像机拍摄要求与光源同步的照明。

（2）镜头。镜头相当于人眼的晶状体。如果没有晶状体，人眼看不到任何物体，同理如果没有镜头，摄像机就无法捕捉物体。在机器视觉系统中，镜头的主要作用是将成像目标聚焦在图像传感器的光敏面上。镜头的质量直接影响机器视觉系统的整体性能，合理选择并安装镜头是机器视觉系统设计的重要环节。

一般情况下，机器视觉系统中的镜头可进行如下分类：

- 按焦距分类：广角镜头、标准镜头、长焦镜头。
- 按调焦方式分类：手动调焦镜头、自动调焦镜头。
- 按光圈分类：手动光圈镜头、自动光圈镜头。

（3）相机。相机的功能是将获取的光信号进行转换，然后传输至计算机。数字相机所采用的传感器主要有两大类：CCD 和 CMOS。其中，CMOS 传感器由于存在成像质量差、像敏单元尺寸小、填充率低、反应速度慢等缺点，应用范围较窄。目前，在机器视觉检测系统中，CCD 相机因其具有体积小巧、性能可靠、清晰度高等优点得到了广泛使用。

按照不同的分类标准，CCD 相机有着多种分类方式。

- 按成像色彩划分：彩色相机和黑白相机。
- 按扫描制式划分：线扫描相机和面扫描相机。其中，面扫描相机又可分为隔行扫描相机和逐行扫描相机。
- 按分辨率划分：像素数在 38 万以下的为普通型相机，像素数在 38 万以上的为高分辨率型相机。
- 按 CCD 芯片尺寸大小划分：1/4 相机、1/3 相机、1/2 相机、1 in（1in=2.54cm）相机。
- 按数据接口划分：USB2.0 相机、USB3.0 相机、1394A/B 相机、千兆网相机、Cameralink 相机、Coxpress 相机等。

（4）采集卡。采集卡只是完整机器视觉系统中的一个部件，但是它扮演了非常重要的角色。图像采集卡直接决定了镜头的接口：黑白或彩色、模拟或数字等。

比较典型的是 PCI 或 AGP 兼容的采集卡，可以将图像迅速地传送到计算机存储器进行处理。有些采集卡有内置的多路开关；有些采集卡有内置的数字输入以触发采集卡进行捕捉，当采集卡抓拍图像时数字输出口就触发闸门。

整个采集系统的核心是如何去获取高质量的图像，而光源是影响图像质量水平的重要因素。一份好的照明设计能够使我们得到一幅好的图像，从而改善整个系统的分辨率，简化软件的运算，而不合适的照明则会引起很多问题。

好的图像应该具备如下条件：

（1）对比度明显，目标与背景的边缘清晰。

（2）背景尽量淡化而且均匀，不干扰图像处理。

（3）颜色真实，亮度适中，不过度曝光。

2. 图像处理分析单元

图像处理分析单元的核心技术为图像处理算法，它包含图像增强、特征提取、图像识别等方面。通过图像处理与分析来实现产品质量的判断、尺寸测量等功能，并将结果信号传输到相应的硬件进行显示和执行。

3. 图像采集单元、图像处理分析单元、执行单元之间的关系

（1）图像采集单元将图像信号传输给图像处理软件。

（2）执行单元发送处理图像命令，然后视觉控制系统获取当前图像，通过图像处理算法

作出判断，得出结果。

（3）图像处理分析单元将处理的结果发送给主控系统。

<table>
<tr><td>项　　目</td><td colspan="6">工业机器人视觉识别</td></tr>
<tr><td>学习任务</td><td colspan="4">任务 7.1：工业机器人视觉识别概述</td><td>完成时间</td><td></td></tr>
<tr><td>任务完成人</td><td>学习小组</td><td></td><td>组长</td><td></td><td>成员</td><td></td></tr>
<tr><td colspan="7">1．简述工业机器人视觉识别系统的组成。</td></tr>
<tr><td colspan="7">2．简述工业机器人视觉识别系统的工作原理。</td></tr>
</table>

任务 7.2　工业机器人视觉识别应用

视觉识别操作

工业机器人视觉识别工作任务单

<table>
<tr><td>项　　目</td><td colspan="6">工业机器人视觉识别</td></tr>
<tr><td>学习任务</td><td colspan="4">任务 7.2：工业机器人视觉识别应用</td><td>完成时间</td><td></td></tr>
<tr><td>任务完成人</td><td>学习小组</td><td></td><td>组长</td><td></td><td>成员</td><td></td></tr>
<tr><td>任务要求</td><td colspan="6">掌握：1．工业机器人视觉识别方案加载；
2．工业机器人视觉识别模板设置；
3．工业机器人视觉识别相机标定；
4．工业机器人视觉识别系统调试。</td></tr>
<tr><td>任务载体和资讯</td><td colspan="4">自动上料模块　机器人夹具　605 机器人　立体仓库模块　视觉 PC 平台　标定工具　码垛工作台　操作面板　总控上位软件
工业机器人平台</td><td colspan="2">要求：
根据任务载体熟悉工业机器人平台中视觉识别系统软件的操作和系统调试。
资讯：
1．视觉识别方案加载；
2．视觉识别模板设置；
3．视觉识别相机标定；
4．视觉识别系统调试。</td></tr>
<tr><td>资料查询情况</td><td colspan="6"></td></tr>
<tr><td>完成任务注意点</td><td colspan="6">1．正确认识工业机器人视觉识别系统的应用；
2．正确完成工业机器人视觉识别系统的操作；
3．实训中注意安全，严禁打闹。</td></tr>
</table>

7.2.1　加载方案

（1）双击 HSRotbotPnP 快捷方式图标打开视觉检测软件，软件界面如图 7-1 所示，包括图像显示区、日志消息区和功能菜单区。

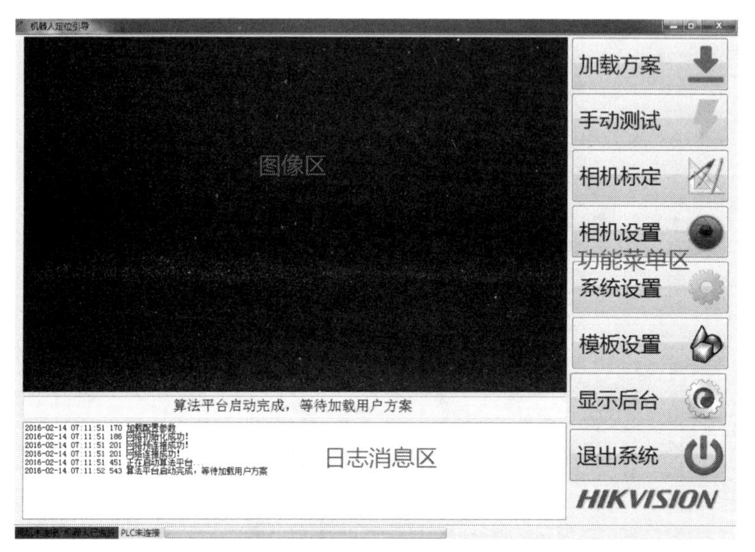

图 7-1　视觉软件主界面

（2）单击软件主界面右上角的“加载方案”按钮，显示相机、机器人、PLC 已连接，系统可自动运行，如图 7-2 所示。

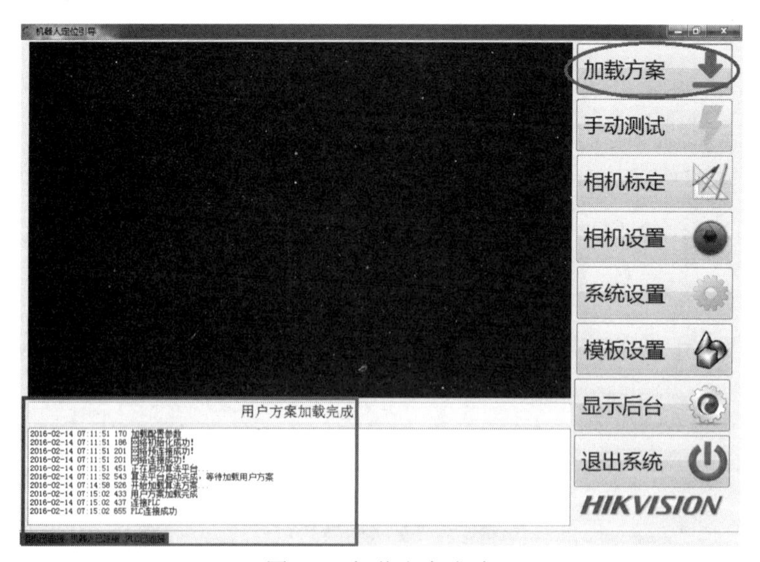

图 7-2　加载方案成功

7.2.2 模板设置

1. 圆形模板创建

（1）单击视觉软件界面右侧的“模板设置”按钮，弹出“模板设置”对话框，如图 7-3 所示。

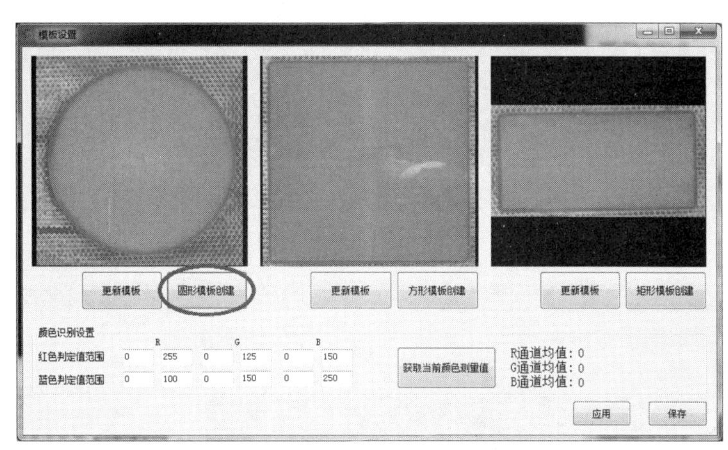

图 7-3　“模板设置”对话框

（2）单击“圆形模板创建”按钮，在弹出的对话框中选择“特征模板”，然后单击“创建”按钮，如果系统中有以前的模板，则单击模板后面的“删除”按钮清空已有模板，如图 7-4 所示。

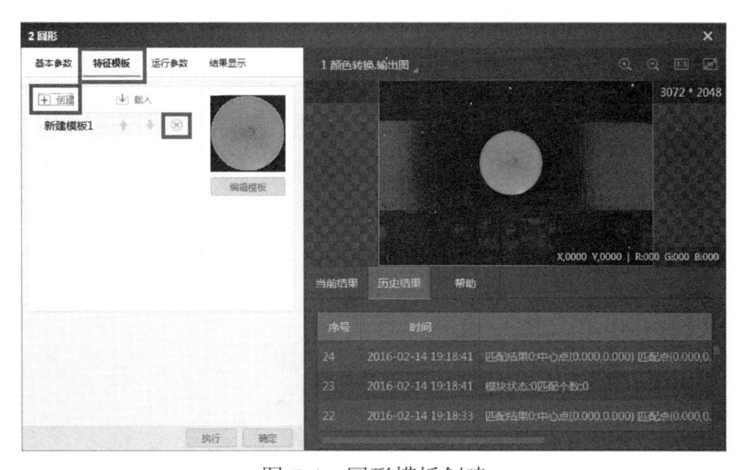

图 7-4　圆形模板创建

（3）在弹出的对话框中单击“创建扇圆形掩膜”按钮，然后将圆形模板完全框住，如图 7-5 所示。

（4）单击“生成模型”按钮，模板的轮廓线会自动生成。若生成轮廓线的时候有多余的线条，则需要单击“擦除轮廓点”按钮将其擦除。完成轮廓线生成后单击“确定”按钮，如图 7-6 所示。

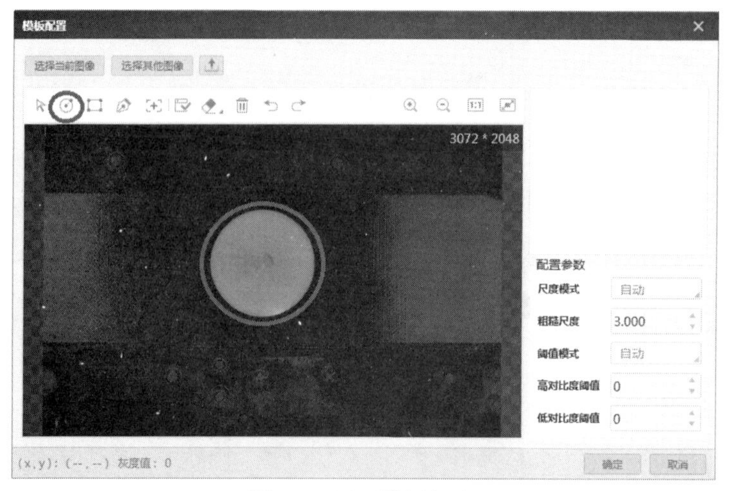

图 7-5 圆形模板框选

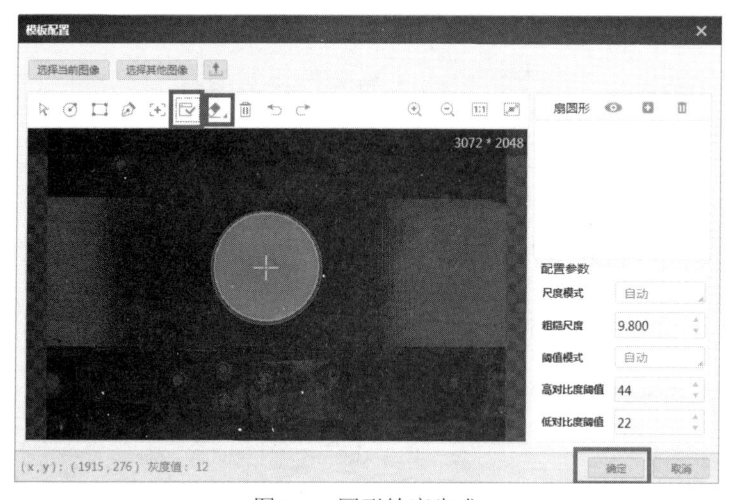

图 7-6 圆形轮廓生成

（5）在弹出的对话框中依次单击“执行”和“确定”按钮，如图 7-7 所示。

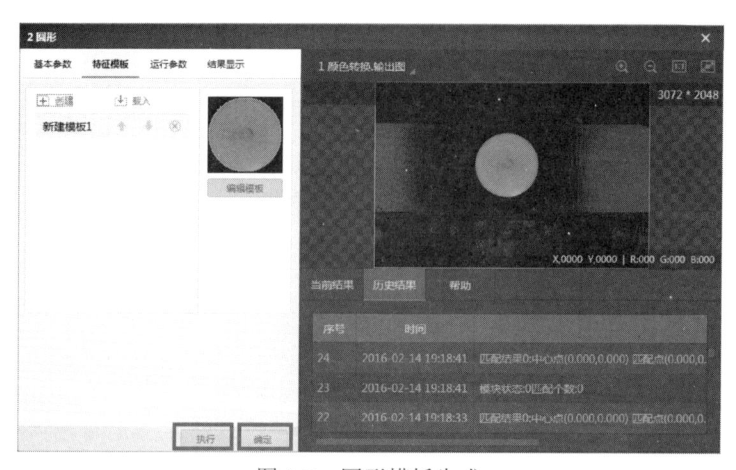

图 7-7 圆形模板生成

（6）在“模板设置”界面中依次单击“更新模板”“应用”和“保存”按钮，圆形模板创建完成，如图 7-8 所示。

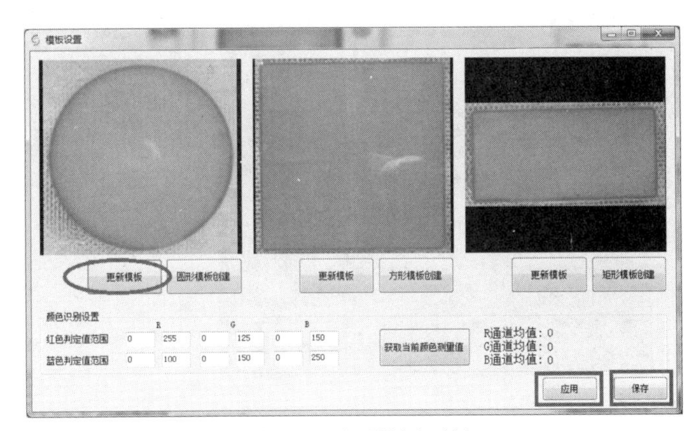

图 7-8　圆形模板更新

2. 方形模板创建

（1）在“模板设置”界面中单击“方形模板创建”按钮，如图 7-9 所示。

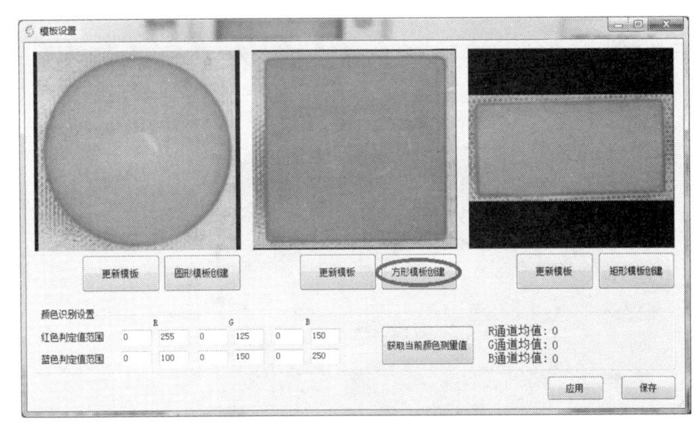

图 7-9　方形模板设置

（2）在弹出的对话框中选择“特征模板”，然后单击“创建”按钮，如图 7-10 所示。

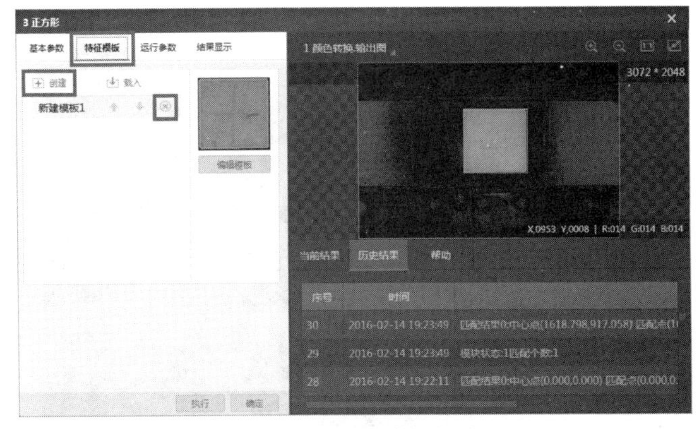

图 7-10　方形模板创建

（3）在弹出的对话框中单击“创建矩形掩膜”按钮，然后将方形目标模板完全框住，如图 7-11 所示。

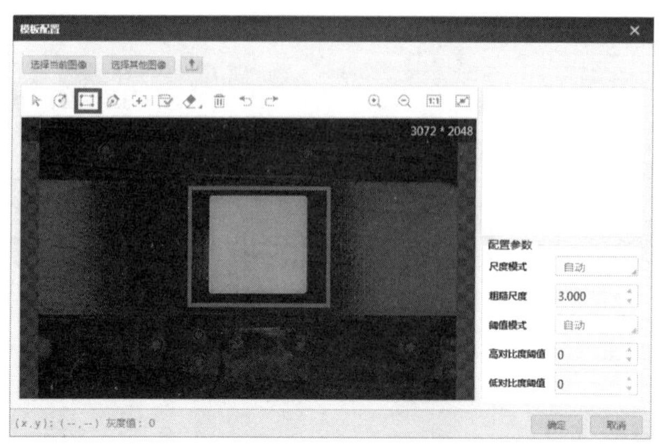

图 7-11　方形模板框选

（4）单击“生成模型”按钮，模板的轮廓线会自动生成。若生成轮廓线的时候有多余的线条，则需要单击“擦除轮廓点”按钮将其擦除。完成轮廓线生成后单击“确定”按钮，如图 7-12 所示。

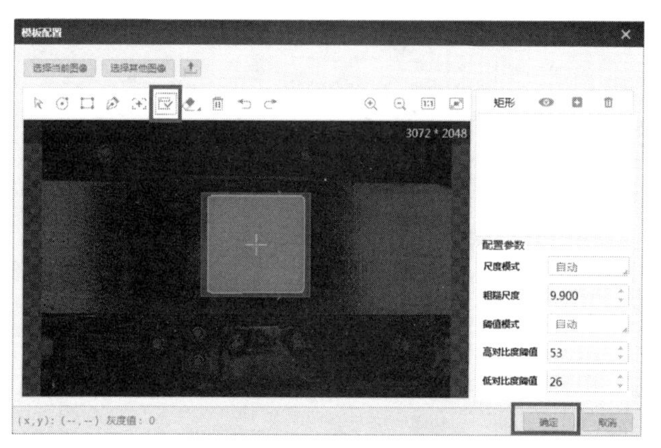

图 7-12　方形轮廓生成

（5）在弹出的对话框中依次单击“执行”和“确定”按钮，如图 7-13 所示。

图 7-13　方形模板生成

（6）在“模板设置”界面中依次单击“更新模板”“应用”和“保存”按钮，方形模板创建完成，如图 7-14 所示。

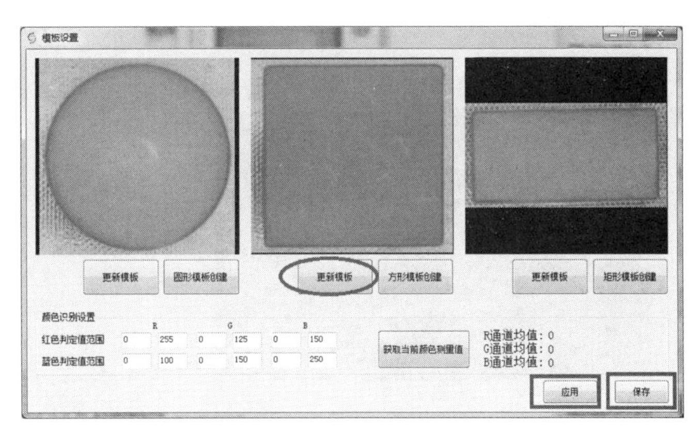

图 7-14　方形模板更新

3. 矩形模板创建

（1）在“模板设置”界面中单击“矩形模板创建”按钮，如图 7-15 所示。

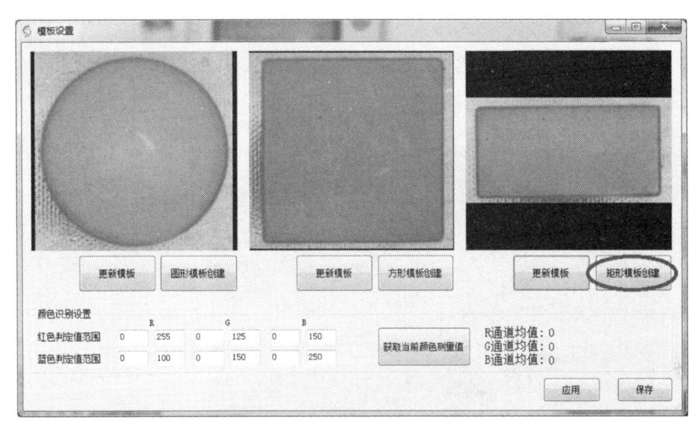

图 7-15　矩形模板设置

（2）在弹出的对话框中选择“特征模板”，然后单击“创建”按钮，如图 7-16 所示。

图 7-16　矩形模板创建

（3）在弹出的对话框中单击“创建矩形掩膜”按钮，然后将矩形目标模板完全框住，如图 7-17 所示。

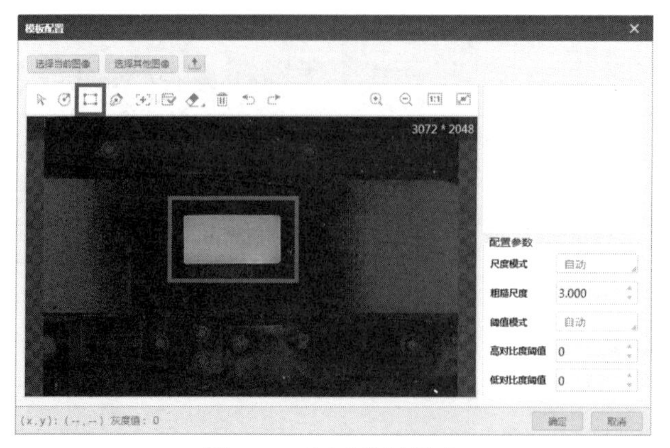

图 7-17　矩形模板框选

（4）单击“生成模型”按钮，模板的轮廓线会自动生成。若生成轮廓线的时候有多余的线条，则需要单击“擦除轮廓点”按钮将其擦除。完成轮廓线生成后单击“确定”按钮，如图 7-18 所示。

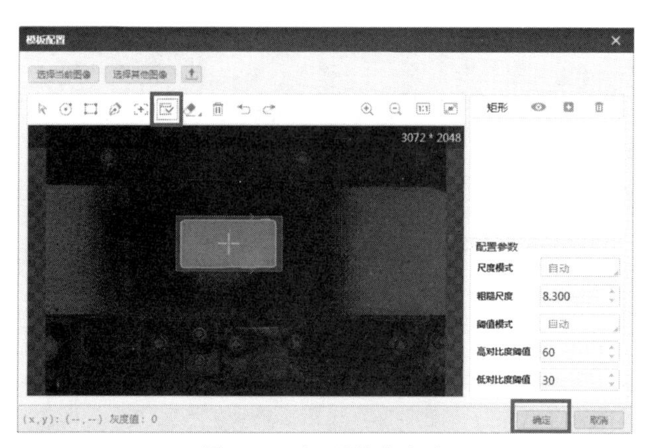

图 7-18　矩形轮廓生成

（5）在弹出的对话框中依次单击“执行”和“确定”按钮，如图 7-19 所示。

图 7-19　矩形模板生成

（6）在“模板设置”界面中依次单击“更新模板”“应用”和“保存”按钮，则矩形模板创建完成，如图 7-20 所示。

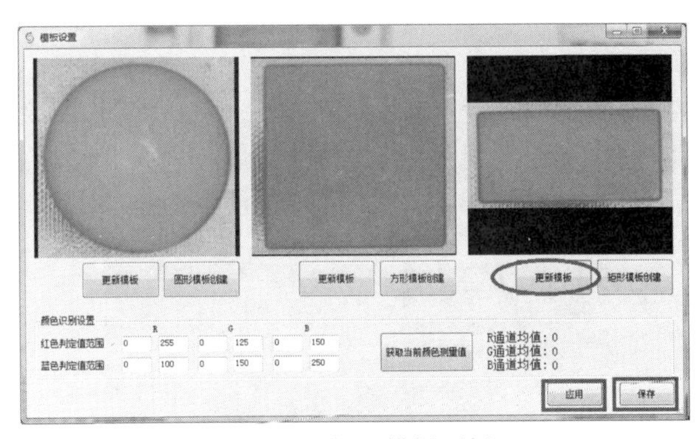

图 7-20　矩形模板更新

4. 制作颜色模板

（1）红色模板创建。形状模板创建完成后，将一个红色工件放置在视觉正下方，单击“获取当前颜色测量值”按钮，然后根据测量出的 RGB 值填写红色判定值范围，如图 7-21 所示。

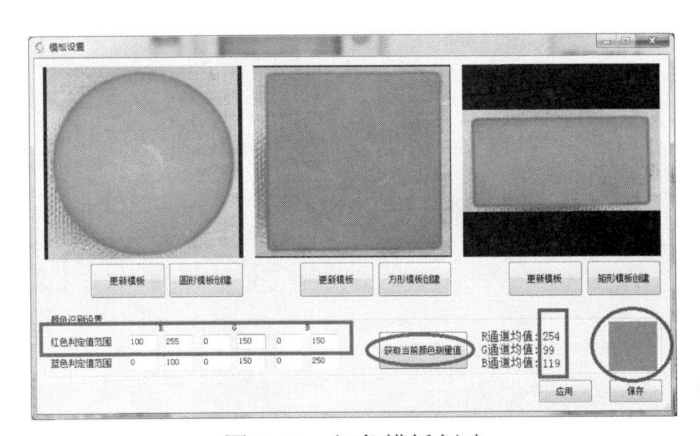

图 7-21　红色模板创建

（2）蓝色模板创建。形状模板创建完成后，将一个蓝色工件放置在视觉正下方，单击“获取当前颜色测量值”按钮，然后根据测量出的 RGB 值填写蓝色判定值范围。完成后单击“应用”和“保存”按钮，如图 7-22 所示。

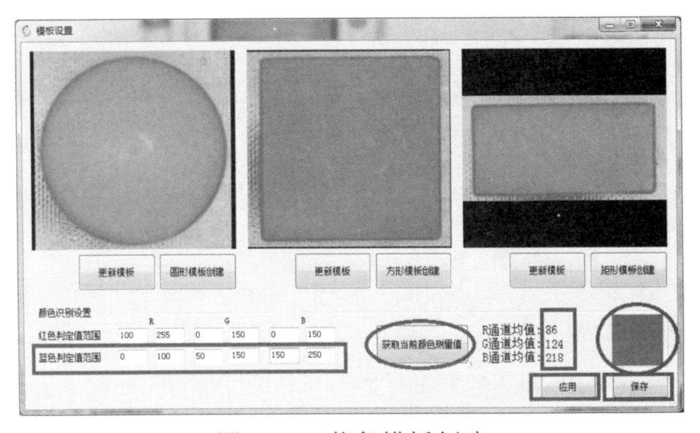

图 7-22　蓝色模板创建

7.2.3 相机标定

1. 相机标定前的准备

先将机器人以吸盘为中心示教一个 Tool 坐标系（Tool10），让机器人吸取一把直尺，使其出现在相机的视野范围内，通过改变机器人 Z 轴的高度使直尺的上表面与待检测的正方形的上表面平齐，将机器人示教器中的坐标系切换成 Tool10 并选择世界坐标，如图 7-23 所示。

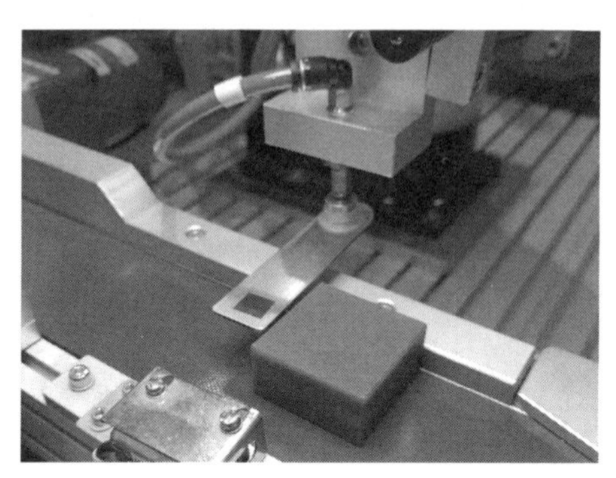

图 7-23　标定前准备

2. 标定模板设置

（1）在视觉软件的主界面中单击“相机标定”按钮，弹出的标定界面如图 7-24 所示。

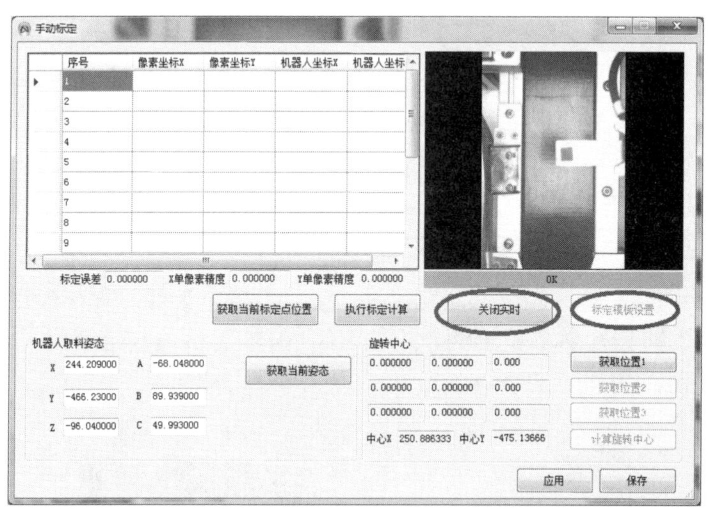

图 7-24　相机标定

（2）在“手动标定”界面中依次单击“关闭实时”和“标定模板设置”按钮，如图 7-24 所示，弹出界面如图 7-25 所示。

（3）在其中依次单击“特征模板”和“创建”按钮，如图 7-26 所示。

（4）在弹出的“模板配置”界面中单击“创建矩形掩膜”按钮，然后将标定块模板完全框住，单击“生成模板”按钮，标定块模板的轮廓线会自动生成，单击“确定”按钮，如图 7-27 所示。

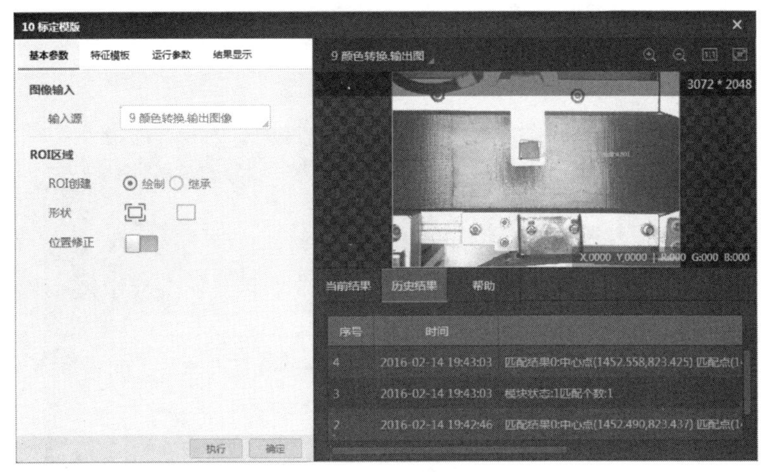

图 7-25　标定模板设置

图 7-26　标定模板创建

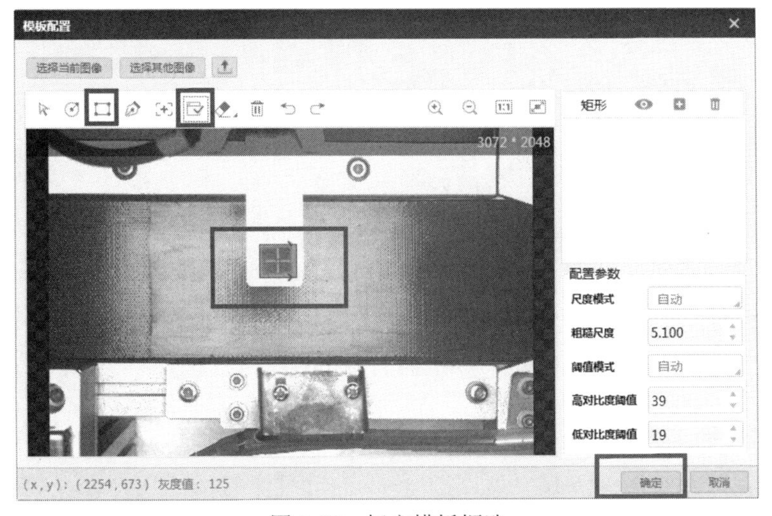

图 7-27　标定模板框选

（5）在“标定模板”界面中依次单击“执行”和“确定”按钮，标定块模板创建完成，如图 7-28 所示。

图 7-28　标定模板生成

3. 九点标定

（1）完成标定模板设置后，在“手动标定”界面中单击“开启实时”按钮，进行九点标定操作，如图 7-29 所示。

图 7-29　九点标定

（2）手动移动机器人，将标定块移到图 7-30 中的第一个位置，选中左上角的“序号 1”，然后单击“获取当前标定点位置”按钮，记录标定点像素坐标和机器人坐标。

（3）移动机器人使标定块依次出现在视野中的其他八个位置（九个位置大致均匀分布）。分别获取相应位置的坐标值。获取九个标定点后单击“执行标定计算”按钮，软件会自动计算出标定结果，如图 7-31 所示。

九点标定的原理：取九组点，其中每组点都会记录一个机器人坐标系下的值和一个图像坐标系下的值，软件算法通过这九组坐标可以算出像素与毫米的转换、图像坐标系与机器人坐标系的夹角，并矫正镜头的畸变。

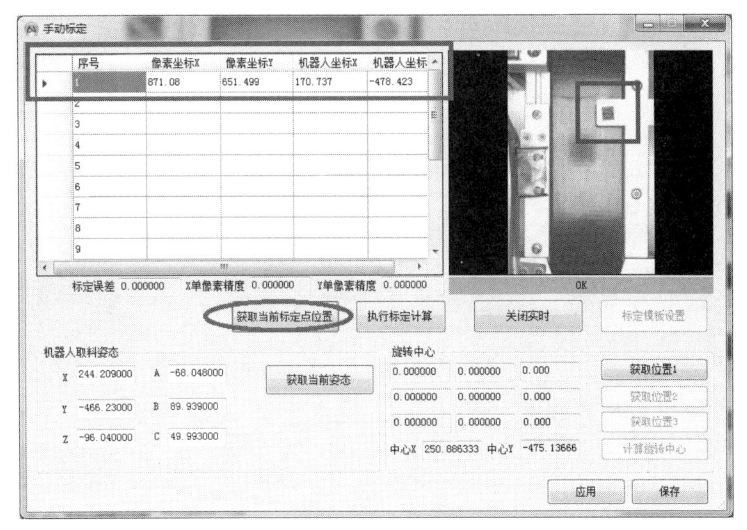

图 7-30　标定第一点

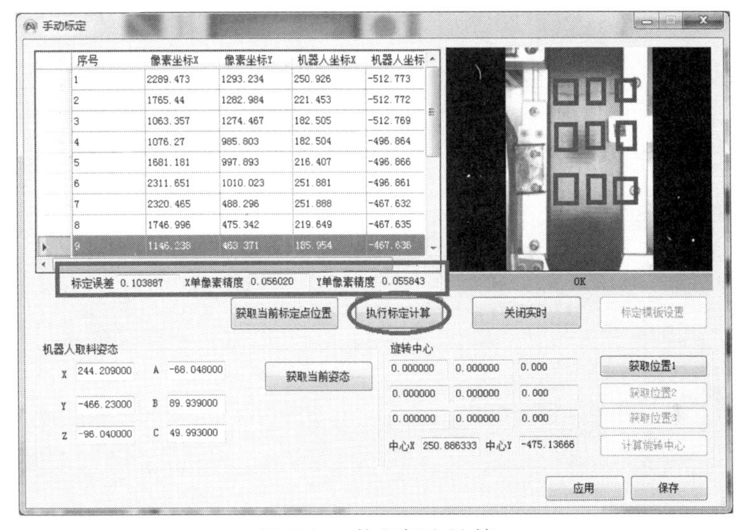

图 7-31　执行标定计算

九点标定后的效果：图像坐标系与机器人坐标系已经平行，只有原点还未重合。也就是说机器人走多少毫米，图像里面就会走多少毫米。

4. 旋转中心标定

（1）将标定块移动到视野中央，单击“获取位置 1”按钮记录第一个位置的坐标值按钮，如图 7-32 所示。

（2）让机器人以吸盘为中心旋转一定的角度（30°左右），单击“获取位置 2”按钮记录第二个位置的坐标值。旋转操作需要先选择工具坐标系，然后操作 A 的“+”或“-”来以吸盘为中心旋转，如图 7-33 所示。

（3）让机器人以吸盘为中心旋转一定的角度（30°左右），单击“获取位置 3”按钮记录第三个位置的坐标值，然后单击“计算旋转中心”按钮，软件会自动计算出旋转中心的值，如图 7-34 所示。

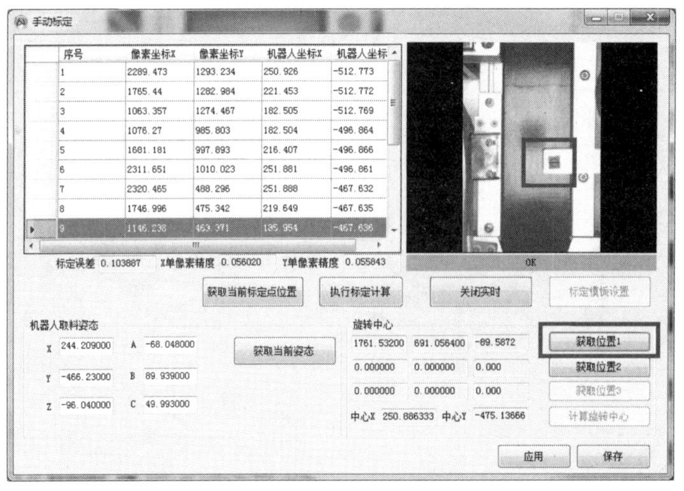

图 7-32　获取位置 1

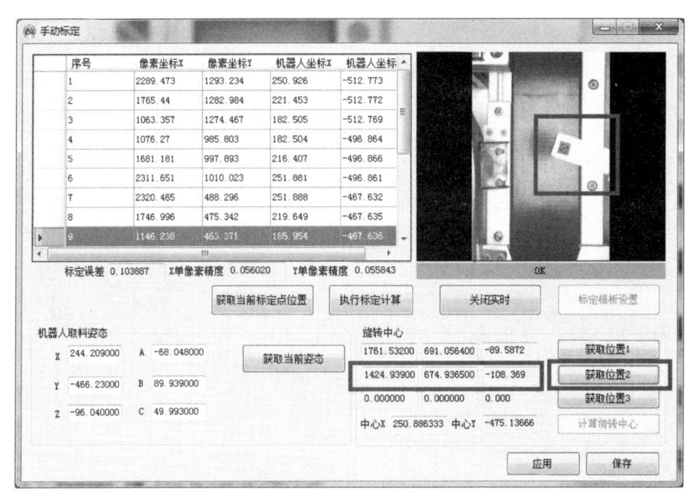

图 7-33　获取位置 2

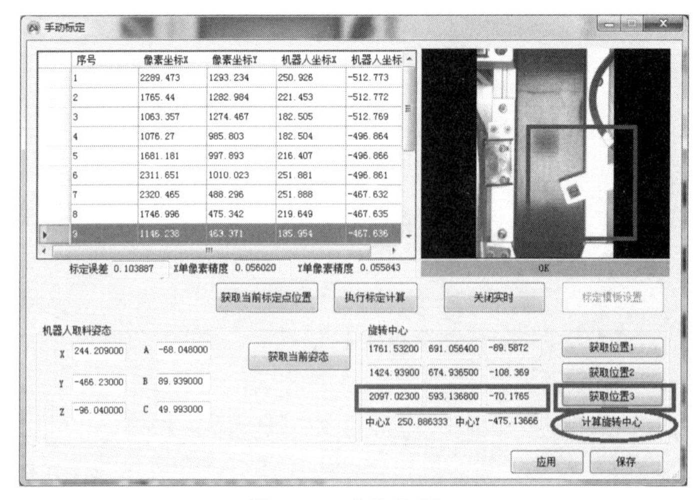

图 7-34　获取位置 3

旋转中心标定的作用：求出机器人是以哪一个点在旋转，以便用这个点去吸物体的中心。

5. 取料姿态

（1）完成旋转中心标定后，取下钢尺，调整机器人姿态，让吸盘上的矩形块的长边和传送带的边平行，如图 7-35 所示。

（2）在世界坐标系下，调整吸盘的位置使其到达可以吸取物料的高度（图 7-36），单击“获取当前姿态”按钮记录机器人取料姿态的坐标值，然后依次单击“应用”和“保存”按钮，相机标定操作完成，如图 7-37 所示。

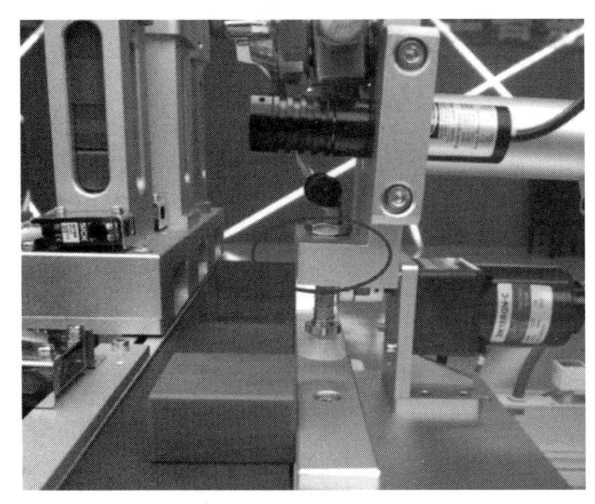

图 7-35　取料姿态调整

图 7-36　吸盘高度调整

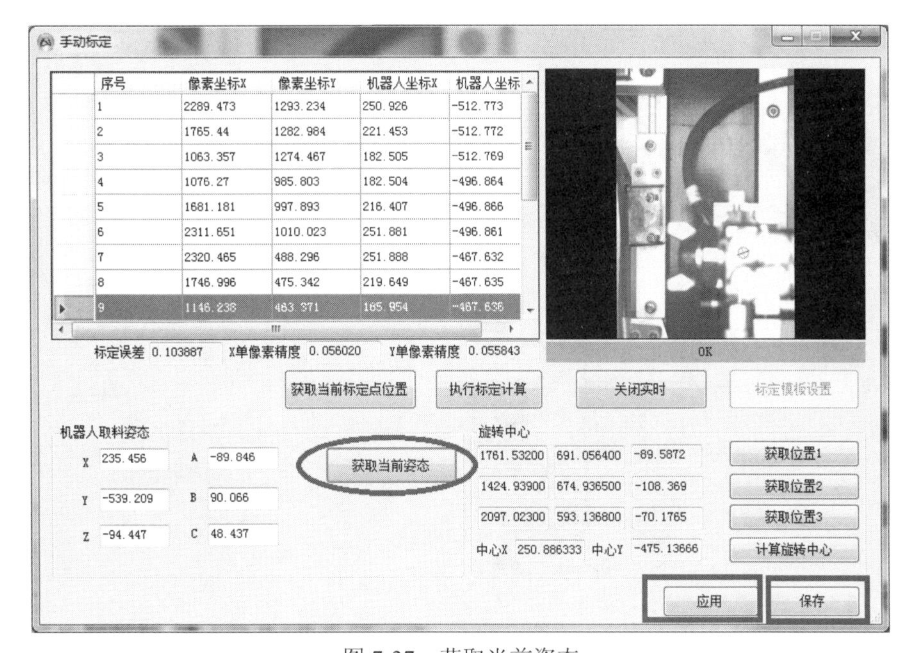

图 7-37　获取当前姿态

7.2.4 视觉系统调试

1. 手动测试

（1）手动将工件放置于传送带视觉相机拍摄位置，如图 7-38 所示。

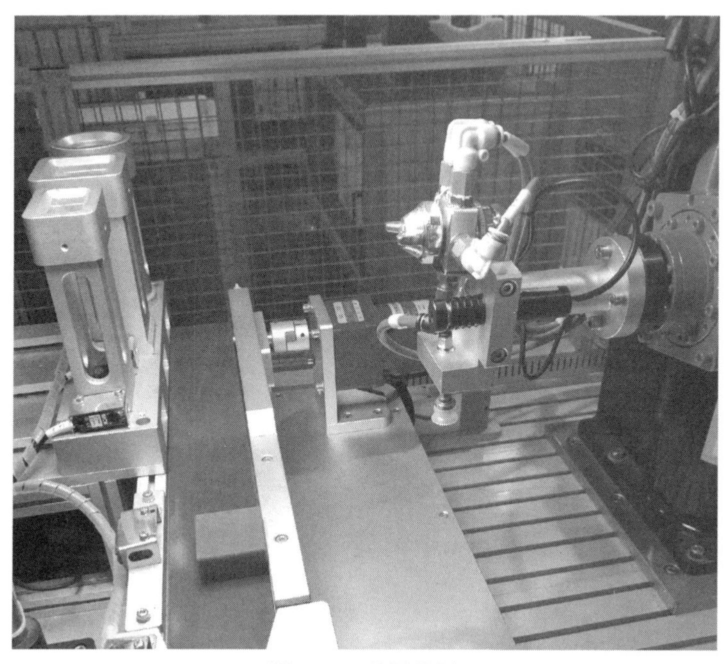

图 7-38 放置物料

（2）在视觉软件主界面中单击“手动测试”按钮，如果拍摄成功，则日志消息区会显示目标定位成功，以及目标的类型、颜色、位置等信息，如图 7-39 所示。

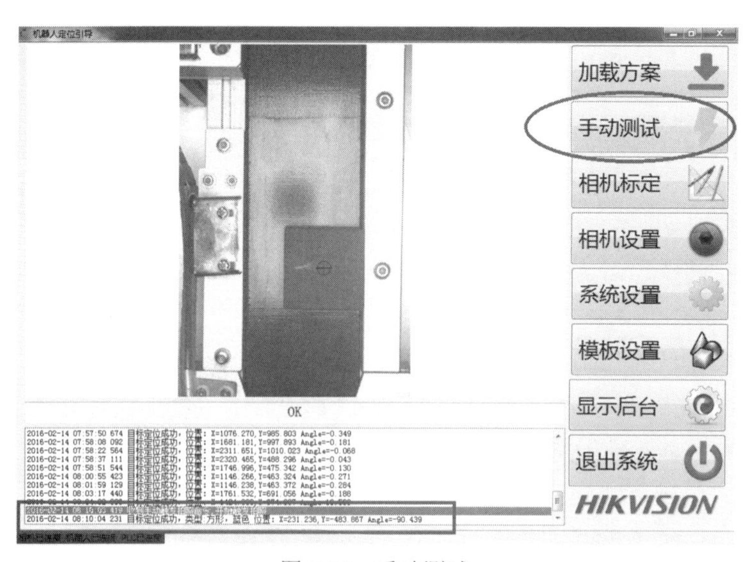

图 7-39 手动测试

（3）手动测试的计算结果即目标的坐标值会发送到机器人示教器的 LR[1]寄存器中，对比视觉软件主界面日志消息区的坐标值和 LR[1]中的坐标值(X,Y)是否相同，如果一致则说明手动测试成功，如图 7-40 所示。

图 7-40　示教器 LR[1]

2. 视觉标定结果验证

（1）将机器人 MOVE 到相机拍摄视野之外的取料预备点 JR[2]，如图 7-41 所示。

图 7-41　JR[2]位置

（2）手动将工件放置于传送带上视觉相机可以拍摄到的位置。如果是方形和矩形，则放置的位置不要与传送带平行，以方便验证。

（3）单击视觉软件主界面中的“手动测试”按钮，获取目标位置信息。

（4）在示教器中修改 LR[1]寄存器的 Z 值，在原来数值的基础上加 10，然后 MOVES 到 LR[1]，观察吸盘是否在物料中心。若标定后的测试结果如图 7-42 所示，吸盘在物料的中心，吸盘上矩形块的长边与物料长边平行，则标定结果准确。

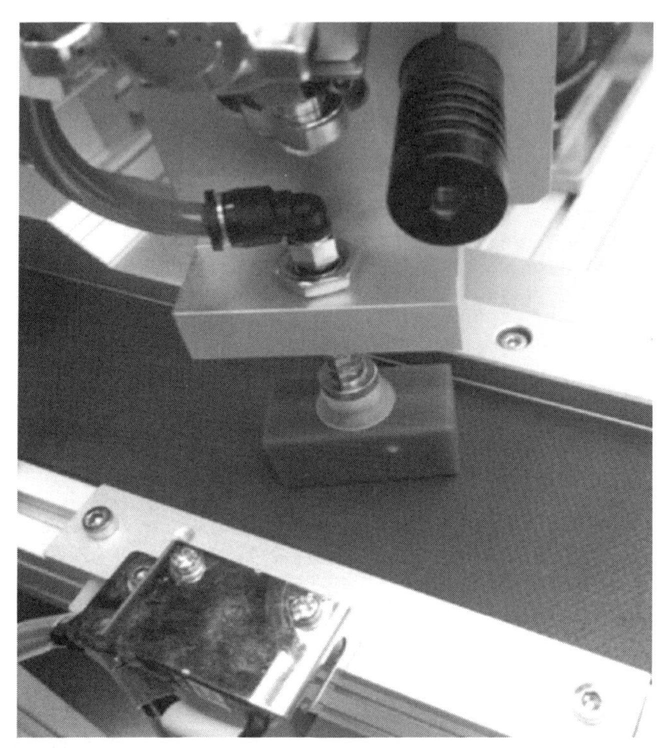

图 7-42　结果验证

3. 视觉识别常见问题

（1）执行 MOVES 到 LR[1]，吸盘没有停在物料中心，而是偏离得很远，甚至运动到传送带之外的地方。

问题分析：

1）检查九点标定的结果，看标定误差是否太大。

2）在九点标定过程中，工具坐标系是否切换到 Tool10。

3）工具坐标系在标定时是否把工具坐标和工件坐标切换到默认坐标。

（2）执行 MOVES 到 LR[1]，吸盘停在物料中心，但是没有根据物料状态旋转角度。

问题分析：旋转中心标定不准确，需要重新标定。

（3）执行 MOVES 到 LR[1]，吸盘停在物料中心附近，有一些偏差。

问题分析：较小的误差是比较正常的，如果误差大到无法吸取物料，可能是九点标定误差较大或工具坐标系建立得不准确。

<table>
<tr><td>项　　目</td><td colspan="6">工业机器人视觉识别</td></tr>
<tr><td>学 习 任 务</td><td colspan="4">任务 7.2：工业机器人视觉识别应用</td><td>完成时间</td><td></td></tr>
<tr><td>任务完成人</td><td>学习小组</td><td></td><td>组长</td><td></td><td>成员</td><td></td></tr>
<tr><td colspan="7">1．简述工业机器人视觉识别系统中相机标定前需要进行的准备工作。</td></tr>
<tr><td colspan="7">2．简述工业机器人视觉识别系统中九点标定的原理和效果。</td></tr>
<tr><td colspan="7">3．简述工业机器人视觉识别应用过程中出现的问题及解决方法。</td></tr>
</table>

学习项目八　工业机器人离线编程

- 掌握工业机器人离线工作站创建方法。
- 掌握工业机器人离线轨迹生成及优化方法。
- 能够正确导入机器人、工具、工件等模型。
- 能够正确创建机器人离线工作站。
- 能够正确生成机器人离线轨迹并导入机器人实际生产运行。

任务 8.1　工业机器人离线软件安装

工业机器人离线编程工作任务单

<table>
<tr><td>项　　目</td><td colspan="6">工业机器人离线编程</td></tr>
<tr><td>学习任务</td><td colspan="4">任务 8.1：工业机器人离线软件安装</td><td>完成时间</td><td></td></tr>
<tr><td>任务完成人</td><td>学习小组</td><td></td><td>组长</td><td></td><td>成员</td><td></td></tr>
<tr><td>任务要求</td><td colspan="6">掌握：1．离线软件安装方法；
　　　2．离线软件启动方法。</td></tr>
<tr><td>任务载体和资讯</td><td colspan="4">工业机器人离线编程软件</td><td colspan="2">要求：
根据提供的网址下载安装包，构建合适的硬件环境，完成离线编程软件的安装，并能够正确启动软件。</td></tr>
<tr><td>资料查询情况</td><td colspan="6"></td></tr>
<tr><td>完成任务注意点</td><td colspan="6">1．正确下载并安装离线软件；
2．正确启动离线软件。</td></tr>
</table>

8.1.1 软件安装

离线编程是通过软件在计算机中重建整个工作场景的三维虚拟环境，再根据加工工艺等相关需求进行一系列操作，自动生成机器人的运动轨迹，即控制指令，然后在软件中仿真与调整轨迹，生成机器人执行程序，输入到机器人控制器中。

1. 软件下载

用户可登录华数工业机器人离线编程示教操作官网或者输入如下 IP 地址：https://www.hsrobotics.cn/download8.html。

在此网站中找到需要下载的离线编程软件，有密钥的可以下载正式版，无密钥的可以下载试用版，正式版解锁了华数离线编程软件的所有功能，试用版只能完成离线编程操作的一些基本功能，如图 8-1 所示。

（a）离线编程软件（正式版）

（b）离线编程软件（试用版）

图 8-1　离线编程软件下载

2. 软件安装

该软件可一键式安装，操作步骤如下：

步骤 1：解压下载的离线安装软件包。

步骤 2：找到文件夹中.exe 后缀的安装文件，进入安装向导界面，如图 8-2 所示，按照提示单击“下一步”按钮。

步骤 3：进入到“安装目录”设置界面，用户可以选择该软件的安装位置。如图 8-3 所示，注意安装目录必须是英文目录，设置好安装目录后直接单击“下一步”按钮。

步骤 4：由于计算机配置的不同，安装过程等待的时间也会不同，但是通常几分钟即可安装完成。安装完成后，软件界面即显示“安装完成”，单击“关闭”按钮即可完成安装过程。如图 8-4 所示为安装过程。

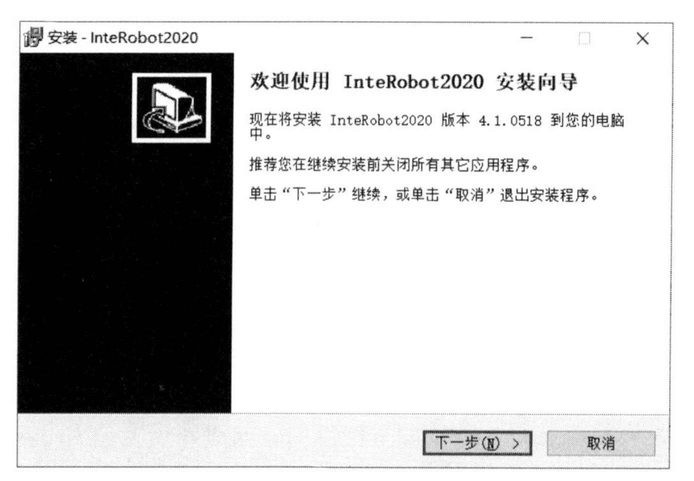

图 8-2 软件安装步骤 2

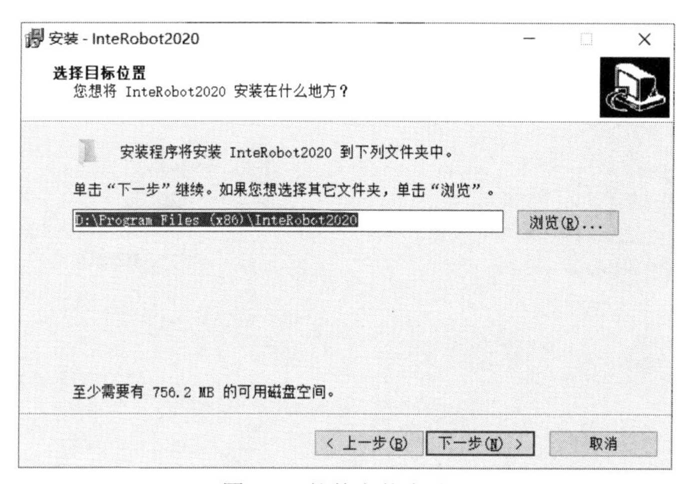

图 8-3 软件安装步骤 3

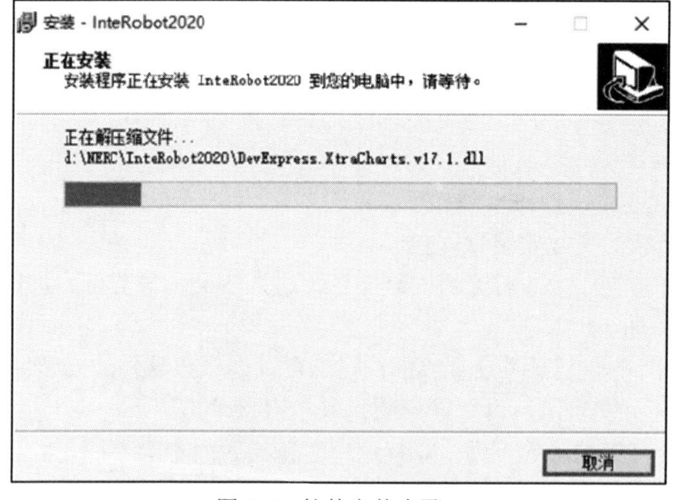

图 8-4 软件安装步骤 4

步骤 5：安装完成后，桌面上有 InteRobot2020 快捷方式（图 8-5），“开始”菜单中有 InteRobot2020 的启动项。

图 8-5　离线编程软件桌面快捷方式

8.1.2 软件启动

离线编程软件启动步骤如下：

步骤 1：双击 InteRobot2020 快捷方式或者单击 InteRobot2020 的启动项即可启动工业机器人离线编程软件。

步骤 2：运行 InteRobot2020 后进入初始界面，此时的软件界面是空白的（图 8-6），需要在单击左上角的“新建”按钮之后才能对软件进行操作。

图 8-6　离线编程软件启动界面

步骤 3：新建文件后系统默认进入机器人模块，出现机器人离线编程的快捷菜单栏与左边的导航树，如图 8-7 所示。

步骤 4：单击节点，弹出如图 8-8 所示的提示“没有发现加密狗，请确认或与管理员联系!”，此时需要插入购买软件时自带的“加密狗”，插入计算机的 USB 口后即可顺利打开软件（试用版软件请忽略此步）。

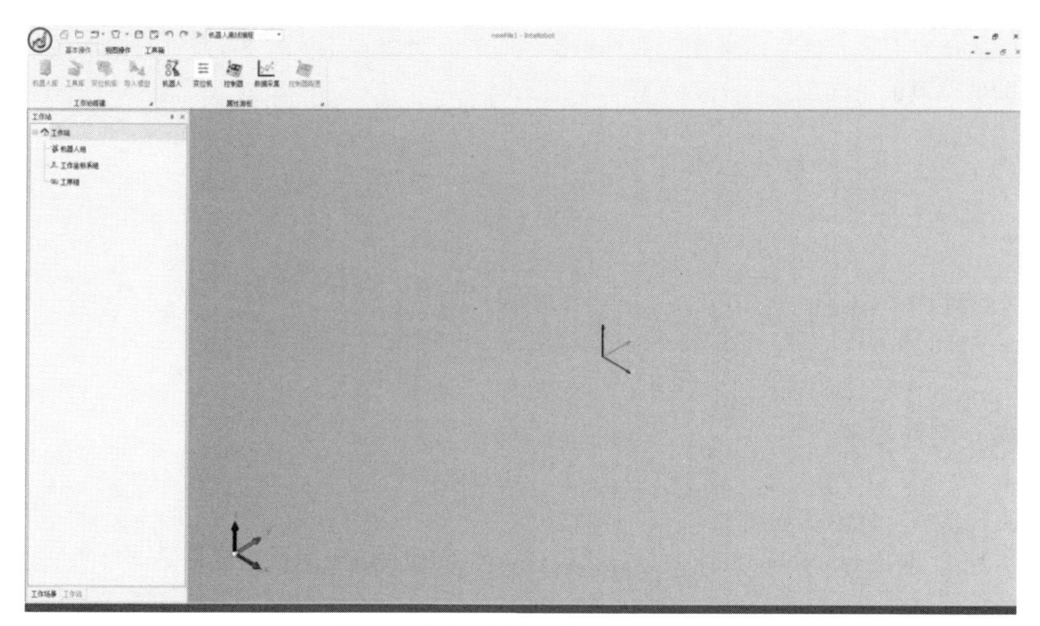

图 8-7　单击“新建”按钮后的界面

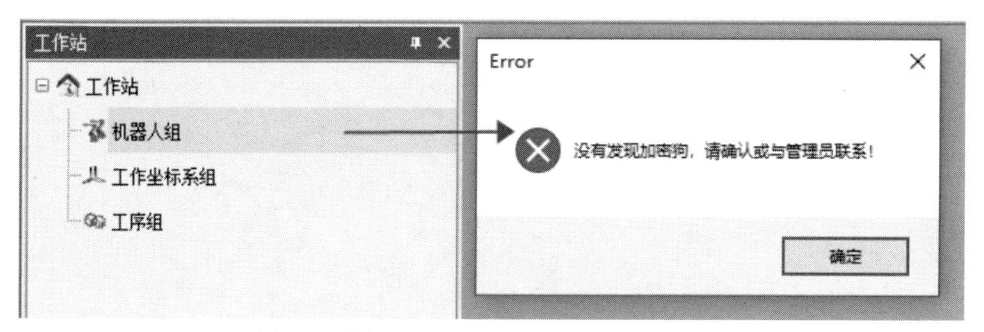

图 8-8　未插入加密狗情况下打开的软件界面

项　　目	工业机器人离线编程					
学习任务	任务 8.1：工业机器人离线编程软件安装				完成时间	
任务完成人	学习小组		组长		成员	
记录安装软件时遇到的问题和解决办法。						

安装方法与介绍

任务 8.2　离线软件主要功能模块介绍

工业机器人离线编程工作任务单

<table>
<tr><td>项　　目</td><td colspan="6">工业机器人离线编程</td></tr>
<tr><td>学习任务</td><td colspan="4">任务 8.2：离线软件主要功能模块介绍</td><td>完成时间</td><td></td></tr>
<tr><td>任务完成人</td><td>学习小组</td><td></td><td>组长</td><td></td><td>成员</td><td></td></tr>
<tr><td>任务要求</td><td colspan="6">掌握：1．离线软件主界面；
2．机器人本体操作界面；
3．机器人使用工具界面；
4．导入模型界面。</td></tr>
<tr><td>任务载体和资讯</td><td colspan="4">离线编程软件</td><td colspan="2">要求：
根据任务载体熟悉工业机器人离线编程软件功能模块。</td></tr>
<tr><td>资料查询情况</td><td colspan="6"></td></tr>
<tr><td>完成任务注意点</td><td colspan="6">1．正确认识软件主界面；
2．熟悉软件机器人本体功能模块；
3．熟悉软件工具功能模块；
4．熟悉软件导入模型功能模块。</td></tr>
</table>

8.2.1 离线软件主界面

InteRobot 主界面由五部分组成：位于界面最上端的工具栏、位于工具栏下方的菜单栏、位于界面左边的导航树、位于界面最右边的机器人属性栏和位于界面中部的视图窗口，如图 8-9 所示。

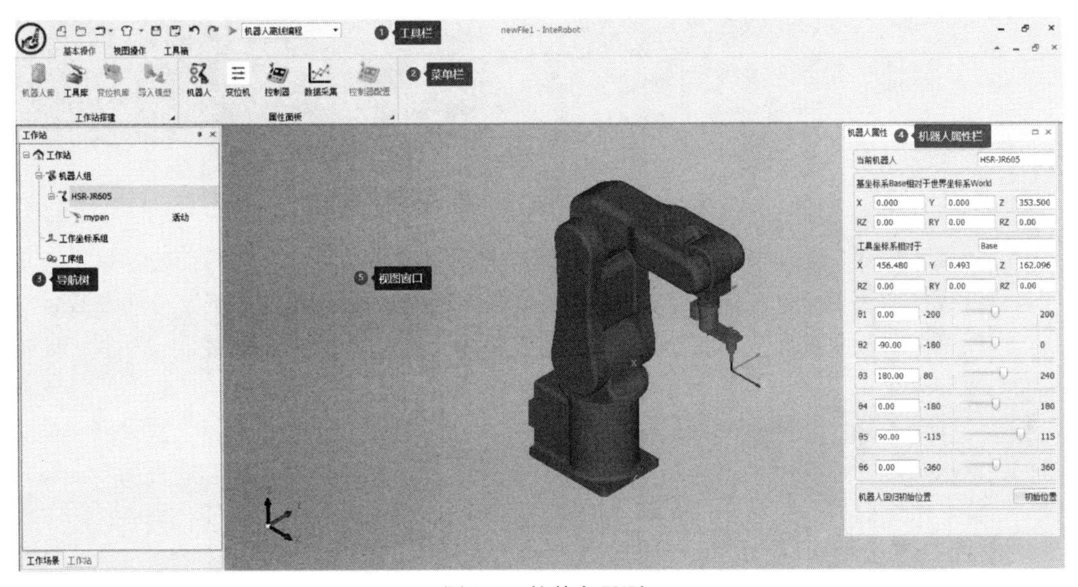

图 8-9　软件主界面

1. 工具栏和菜单栏

单击主界面左上角的蓝色 InteRobot 按钮，可得如图 8-10 所示的菜单，从上到下依次是 New（新建）、Open（打开）、About（关于）、复位导航面板、另存为、Exit（退出）。

图 8-10　InteRobot 按钮的下拉菜单

常用工具如图 8-11 所示，从左到右依次是新建、打开、视图、皮肤切换、保存、另存为、撤消、重做、模块图标、模块切换下拉框。

图 8-11　常用工具界面

菜单栏界面如图 8-12 所示，“基本操作”选项卡用于工作站的搭建、相关属性面板的调出和机器人控制器配置，“视图操作”选项卡用于对视图的查看、操作、选择和显示模式切换，“工具箱”选项卡用于测量、欧拉角转换和视频录制。

图 8-12　菜单栏界面（默认为“基本操作”选项卡）

- “基本操作”选项卡：从左到右分为两个部分，工作站搭建和属性面板是机器人离线编程的主要菜单。工作站搭建部分的功能依次是机器人库、工具库、变位机库、导入模型。属性面板部分包括机器人、变位机、控制器、数据采集和控制器配置，单击相应的菜单可以调出对应的二级界面。
- “视图操作”选项卡：从左到右分为四个部分：视图、操作、选择、模式。菜单功能依次是等轴测视图、俯视图、仰视图、左视图、右视图、前视图、后视图、旋转、平移、窗口放大、显示全部、选择顶点、选择边、选择面、选择实体、实体视图、线框视图，如图 8-13 所示。

图 8-13　菜单栏界面中的“视图操作”选项卡

- “工具箱”选项卡：分为“工具”和“视频录制”。“工具”中的小工具箱是测量工具和欧拉角转换器，视频操作则是开始录制和停止录制，如图 8-14 所示。

图 8-14　菜单栏界面中的“工具箱”选项卡

2. 导航栏

导航栏分为两部分：工作站导航树和工作场景导航树，在导航栏的最下端单击可以切换两种导航树的显示。工作站导航树是以工作站为根节点，下有三个子节点：机器人组、工件坐标系组和工序组，这是工作站节点的最基本组成，后续根据用户的实际操作会以这三个节点为根节点产生不同的子节点。工作场景导航树是以工作场景为根节点，下有一个子节点，后续根据用户的实际操作也会在工作组节点上产生其他子节点。导航栏便于用户操作，也方便用户直观地了解整个机器人离线编程文件的组成。如图 8-15 所示分别是工作站导航栏和工作场景导航栏。

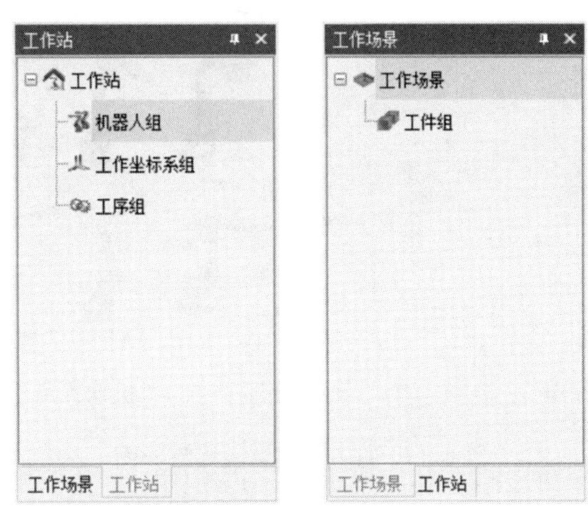

图 8-15　导航栏

3. 机器人属性栏

机器人属性栏的主要作用是对机器人进行仿真控制，控制机器人的姿态，让机器人按照用户的预期运动，或者是运动到用户指定的位置上。机器人属性栏包括五部分；机器人选择部分、基坐标系相对于世界坐标系部分、机器人工具坐标系虚轴控制部分、机器人实轴控制部分、机器人回归初始位置控制部分，如图 8-16 所示。

图 8-16　机器人属性栏

8.2.2 机器人本体操作界面

单击选中“机器人组”节点，“机器人库”菜单就会变为可用状态。然后单击菜单栏中的“机器人库”菜单，弹出“机器人库”主界面，如图 8-17 所示。

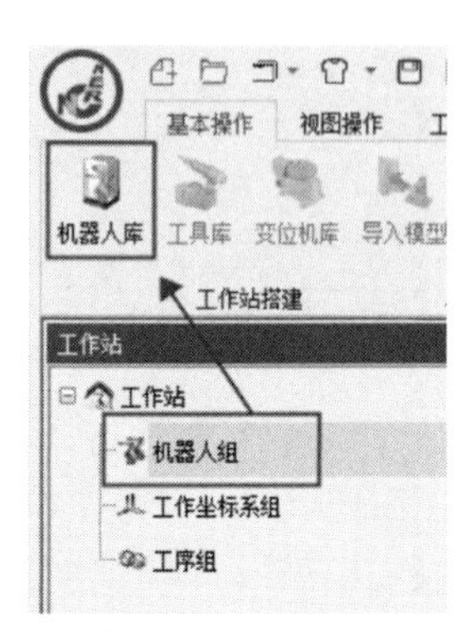

（a）高亮显示“机器人库”

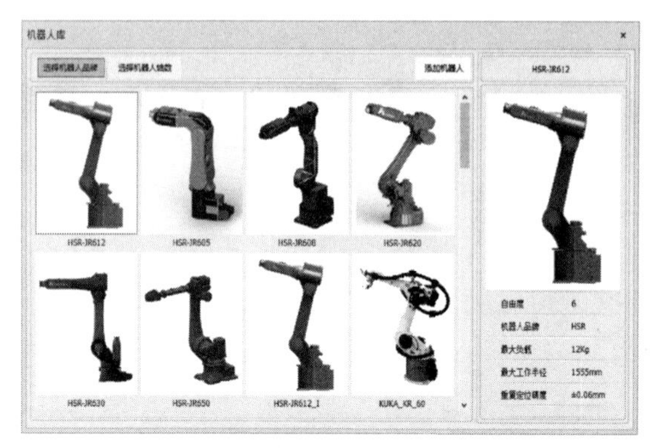

（b）“机器人库”界面

图 8-17 打开“机器人库”界面

“机器人库”界面能够实现各种型号机器人的新建、编辑、存储、导入、预览、删除等功能，实现对机器人库的管理，方便用户随时调用所需的机器人，提供机器人基本参数的显示、机器人品牌选择、机器人轴数选择、自定义机器人、导入/导出机器人文件、属性编辑、删除和机器人预览、导入视图添加节点等。

可右键设置机器人属性，弹出“机器人参数”设置框，如图 8-18 所示，包括机器人名、机器人总体预览、机器人基本数据、机器人模型信息、机器人建模参数和机器人运动参数。机器人基本数据中包括机器人的类型、轴数、图形文件的位置。

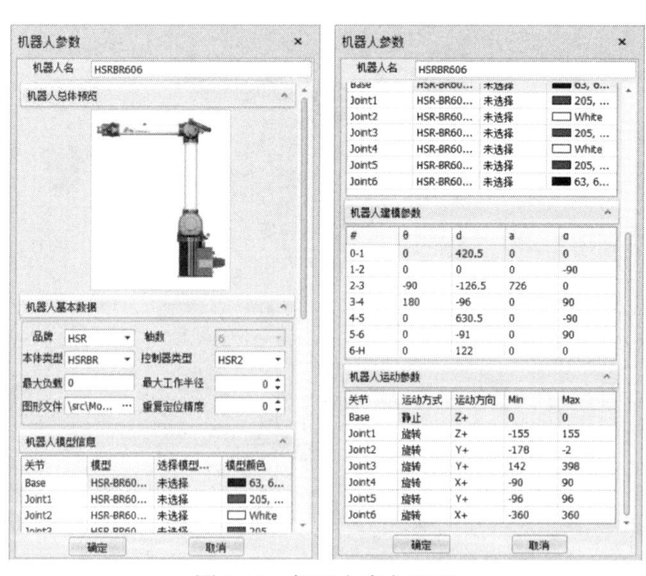

图 8-18 机器人库主界面

8.2.3 机器人工具操作界面

离线软件提供工具库管理的相关操作，包括各种型号工具的新建、编辑、存储、导入工具、导入/导出工具文件、预览、删除等功能，方便用户随时调用所需的工具。

单击选中的机器人，菜单栏中的工具库会高亮显示，此时单击“工具库”可弹出“机器人工具库”界面，如图 8-19 所示。

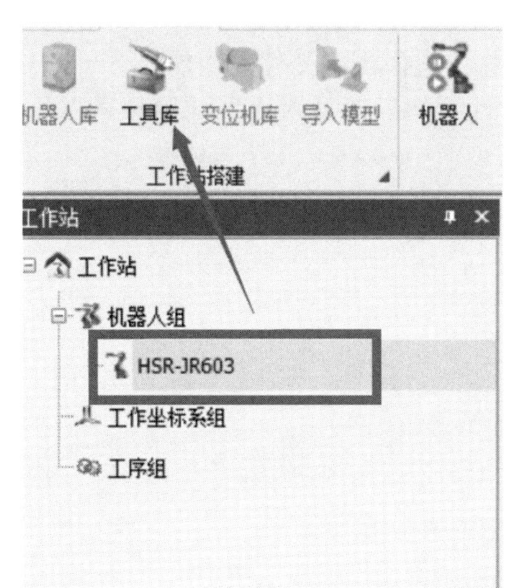

图 8-19　“机器人工具库”界面

在使用机器人的过程中，通常需要在默认工具库的基础上添加工具，此时需要自定义工具，如图 8-20 所示。在弹出的自定义框中，在对工具模型、图像文件选择的基础上，需要标定对应工具的 TCP，并将对应的 X、Y、Z 数值填写到自定义工具属性框中，然后依次单击“保存”“激活 TCP”和“添加 TCP”按钮，确保自定义工具成功添加。

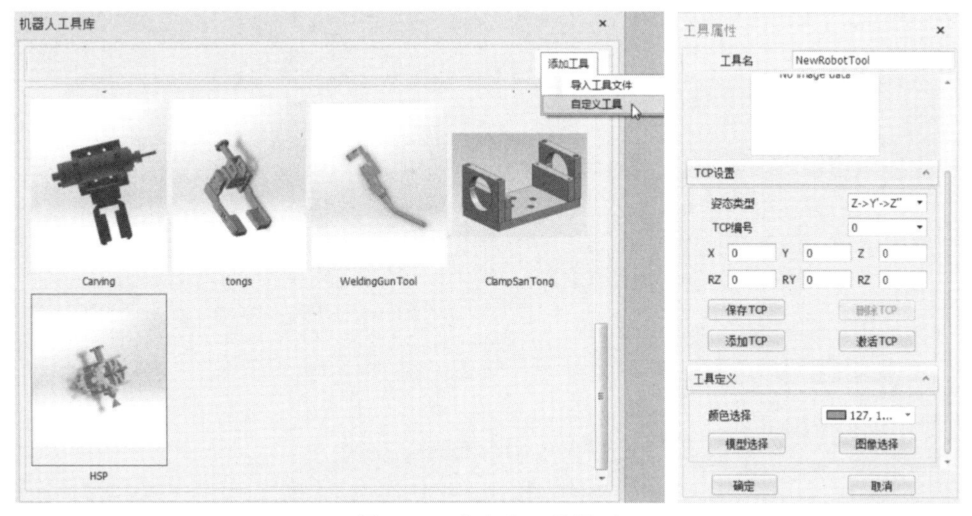

图 8-20　自定义工具界面

8.2.4 导入模型界面

导入模型界面提供了将模型导入到机器人离线编程软件的接口，导入的模型可以是工件、机床，以及其他加工场景中用到的模型文件，支持多种模型格式，如 stp、stl、step、igs。单击工作场景节点下的工件组，工作站搭建板块的导入模型功能即被激活，单击即可进入导入模型界面；亦可右击工件组，进入该界面；模型导入后，可右击导入的工件节点，单击“姿态调整”按钮，对工件的位置参数进行修改。如图 8-21 所示是“导入模型”界面，其中提供了模型名称命名、设置模型位置坐标与姿态、设置模型颜色、选择模型文件等功能。

进入该界面后，单击左下方选择需要导入的模型文件，然后对导入模型名称和导入位置进行设置即可完成模型导入。

图 8-21 “导入模型”界面

<table>
<tr><td>项　　目</td><td colspan="6">工业机器人离线编程</td></tr>
<tr><td>学 习 任 务</td><td colspan="4">任务 8.2：离线软件主要功能模块介绍</td><td>完成时间</td><td></td></tr>
<tr><td>任务完成人</td><td>学习小组</td><td></td><td>组长</td><td></td><td>成员</td><td></td></tr>
<tr><td colspan="7">1．说明离线软件的主界面。</td></tr>
<tr><td colspan="7">2．说明软件机器人本体操作界面。</td></tr>
<tr><td colspan="7">3．说明软件机器人工具操作界面。</td></tr>
<tr><td colspan="7">4．说明软件导入模型界面。</td></tr>
</table>

任务 8.3 工业机器人离线写字应用

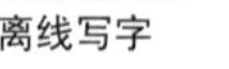

离线写字

工业机器人离线编程工作任务单

<table>
<tr><td>项　　目</td><td colspan="6">工业机器人离线编程</td></tr>
<tr><td>学习任务</td><td colspan="5">任务 8.3：工业机器人离线写字应用</td><td>完成时间</td></tr>
<tr><td>任务完成人</td><td>学习小组</td><td></td><td>组长</td><td></td><td>成员</td><td></td></tr>
<tr><td>任务要求</td><td colspan="6">能够：1．完成机器人本体选择；
2．完成写字工具的选择；
3．完成写字模型导入；
4．完成离线写字编程与仿真；
5．完成离线写字程序导出，下载实体机器人并调试。</td></tr>
<tr><td>任务载体和资讯</td><td colspan="5">工业机器人离线写字应用</td><td>要求：
能够完成离线环境的搭建，离线编程实现机器人写字应用。</td></tr>
<tr><td>资料查询情况</td><td colspan="6"></td></tr>
<tr><td>完成任务注意点</td><td colspan="6">1．机器人本体选择时型号需要完全对应（含示教器）；
2．机器人写字工具坐标系标定数据输入正确性；
3．写字模型方向正确性；
4．离线写字轨迹的一致性；
5．调试离线程序前需要设定好工具坐标系。</td></tr>
</table>

8.3.1 机器人本体选择

选择需要完成写字应用工作的机器人，本项目选择 HCR-603 型机器人，进行属性设置时控制器类型选择 HSR3，见表 8-1。

表 8-1　选择机器人步骤

序号	操作界面	操作内容
步骤 1		在主界面左上角的“机器人库”中选择 HSR-603 型号，右键选择属性
步骤 2		在“属性”栏中务必将控制器类型选为与实物操作台一致的示教器型号，本实验选择 HSR3（若为三代华数机器人示教器，则务必选择 HSR3）
步骤 3		修改属性后，双击需要导入的机器人即可成功添加机器人模型

8.3.2 写字工具选择

为工业机器人添加写字工具，通过自定义添加的方式添加一个实训台工具笔，见表 8-2。

表 8-2 为工业机器人添加写字工具步骤

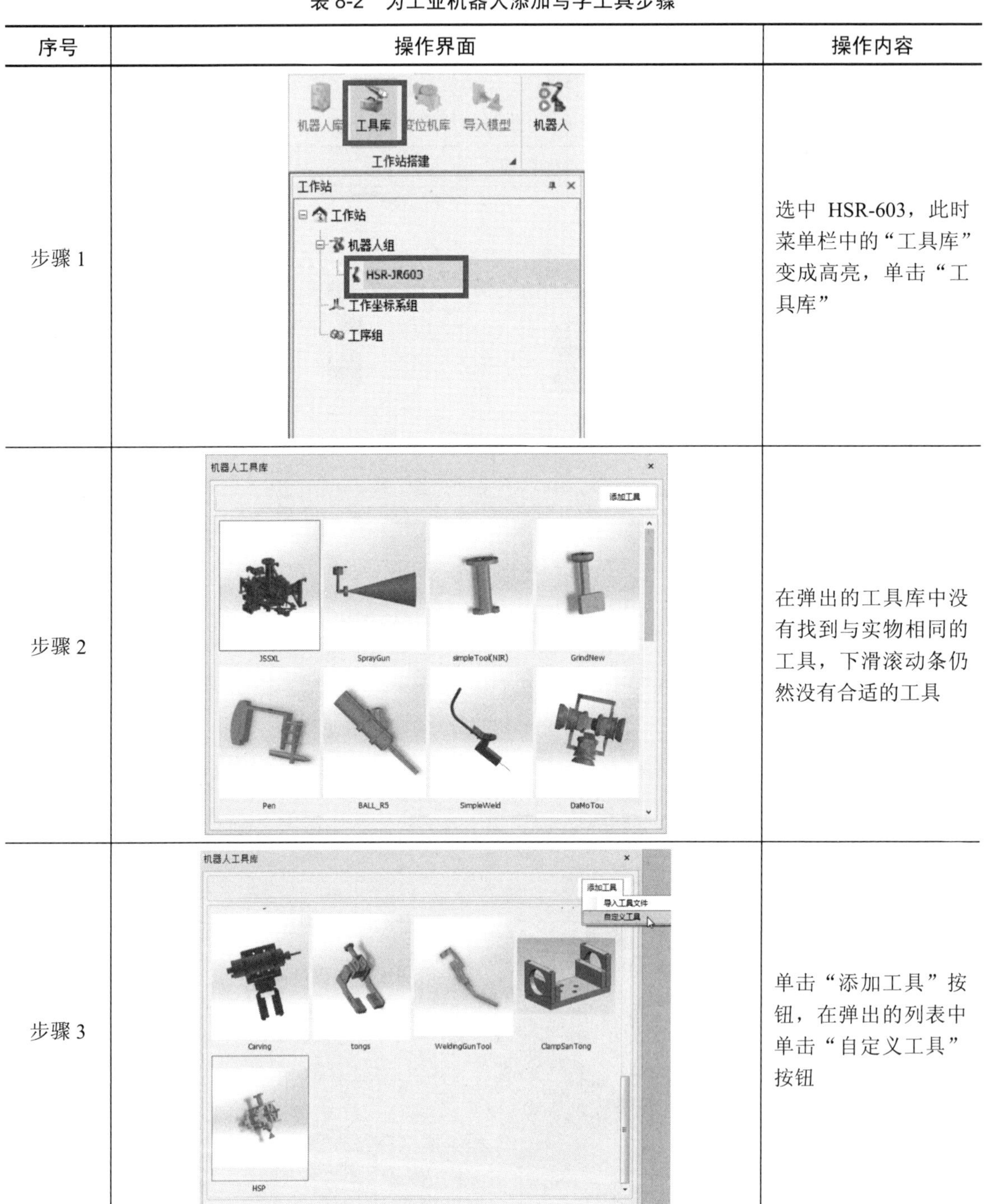

序号	操作界面	操作内容
步骤 1		选中 HSR-603，此时菜单栏中的“工具库”变成高亮，单击“工具库”
步骤 2		在弹出的工具库中没有找到与实物相同的工具，下滑滚动条仍然没有合适的工具
步骤 3		单击“添加工具”按钮，在弹出的列表中单击“自定义工具”按钮

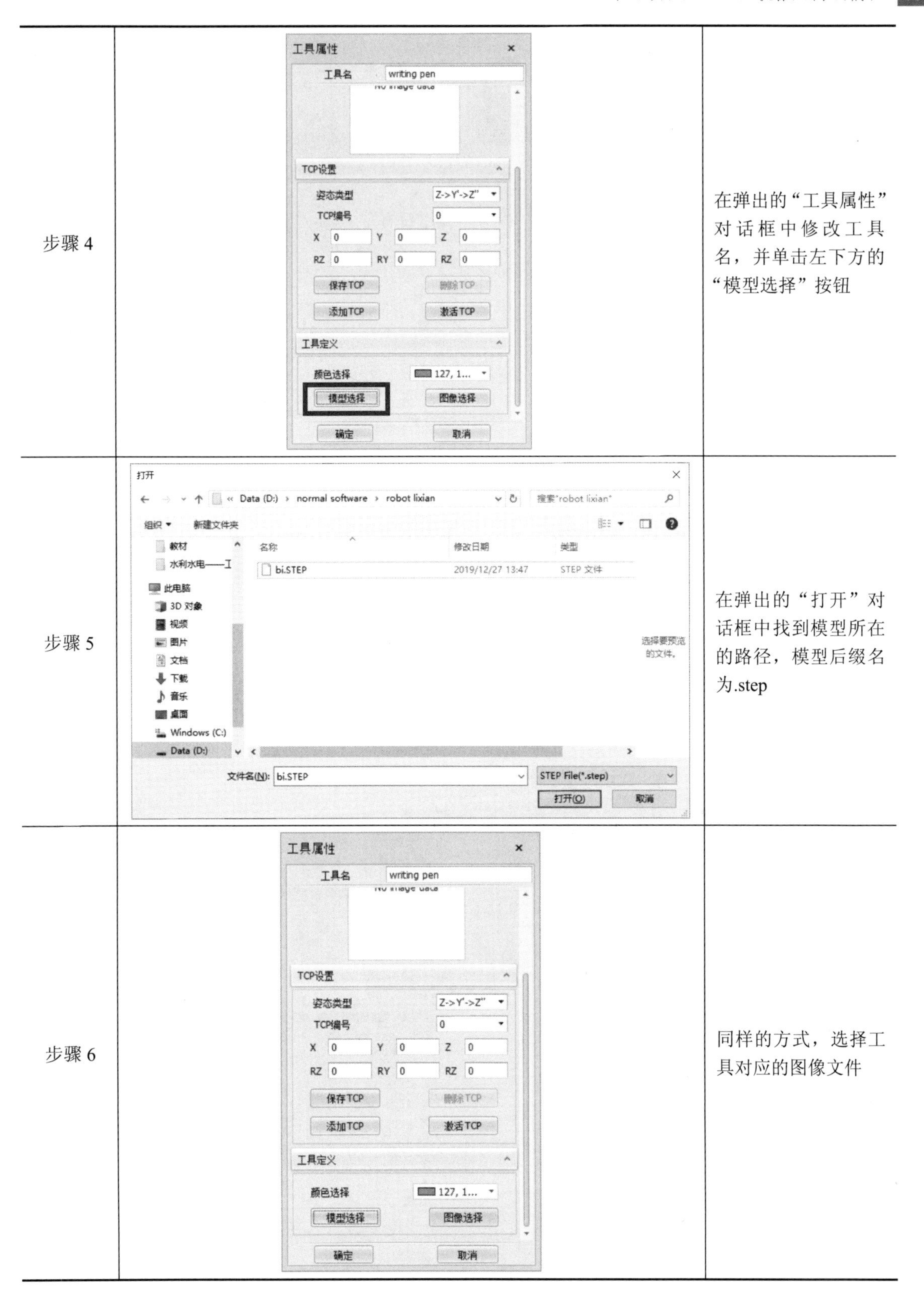

步骤	图示	说明
步骤 4		在弹出的“工具属性”对话框中修改工具名，并单击左下方的“模型选择”按钮
步骤 5		在弹出的“打开”对话框中找到模型所在的路径，模型后缀名为.step
步骤 6		同样的方式，选择工具对应的图像文件

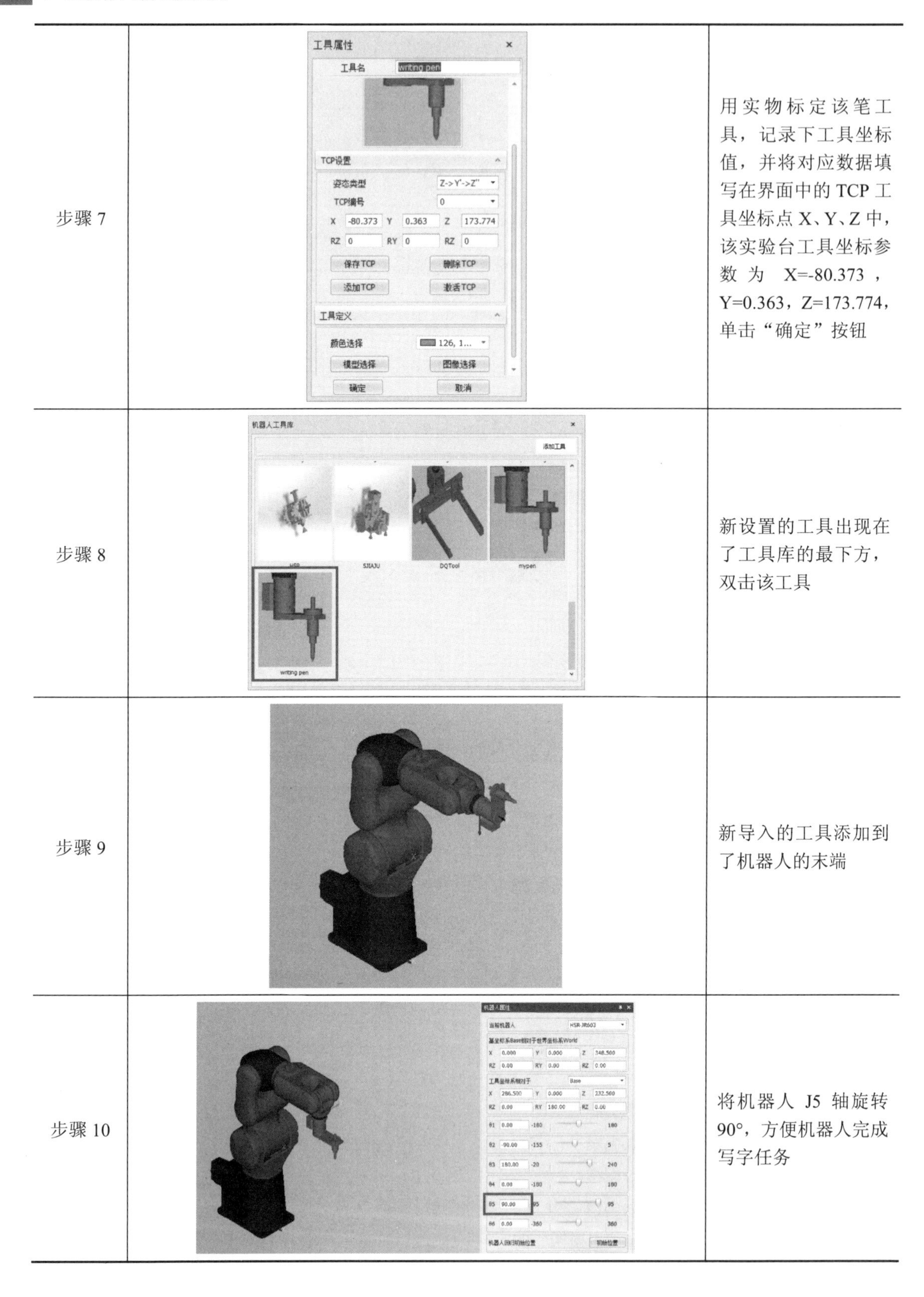

步骤 7		用实物标定该笔工具，记录下工具坐标值，并将对应数据填写在界面中的 TCP 工具坐标点 X、Y、Z 中，该实验台工具坐标参数为 X=-80.373，Y=0.363，Z=173.774，单击“确定”按钮
步骤 8		新设置的工具出现在了工具库的最下方，双击该工具
步骤 9		新导入的工具添加到了机器人的末端
步骤 10		将机器人 J5 轴旋转 90°，方便机器人完成写字任务

8.3.3 写字模型导入

导入一个中字模型，方便机器人完成离线写字任务，见表 8-3。

表 8-3 导入一个中字模型步骤

序号	操作界面	操作内容
步骤 1	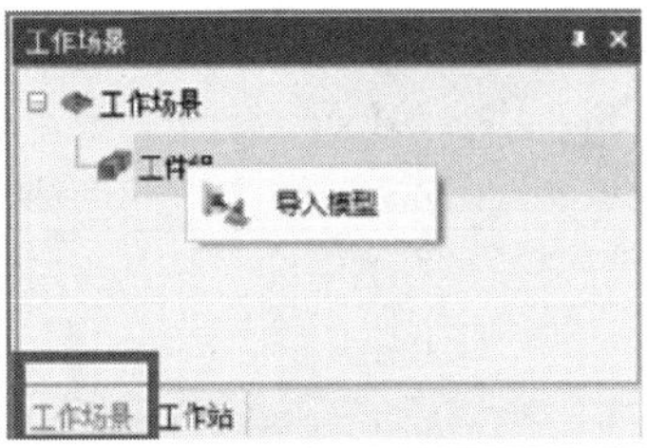	选择导航栏中的“工作场景”，右击“工作组”并选择“导入模型”
步骤 2	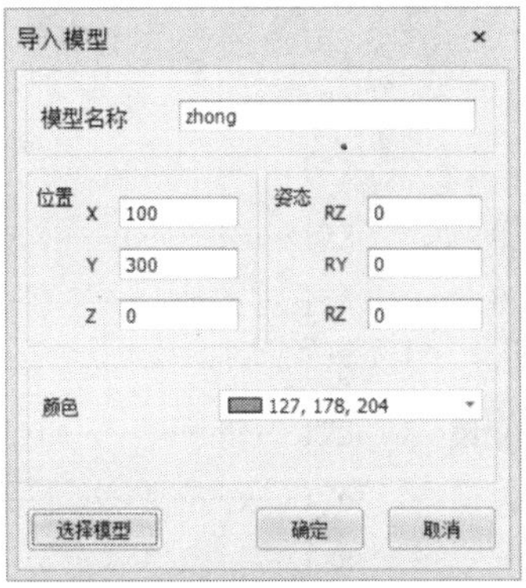	单击左下角的“选择模型”按钮，找到指定的模型文件，名称改为 zhong，将该模型位置改为 X=100，Y=300（可使模型大致移动至机器人下方），单击“确定”按钮
步骤 3	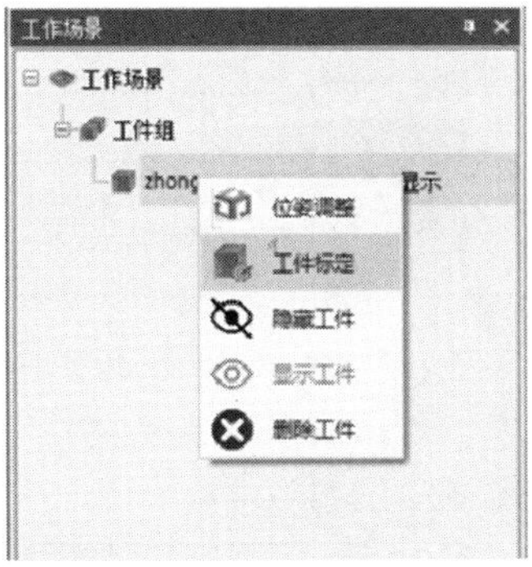	右击添加的模型 zhong，选择“工件标定”
步骤 4	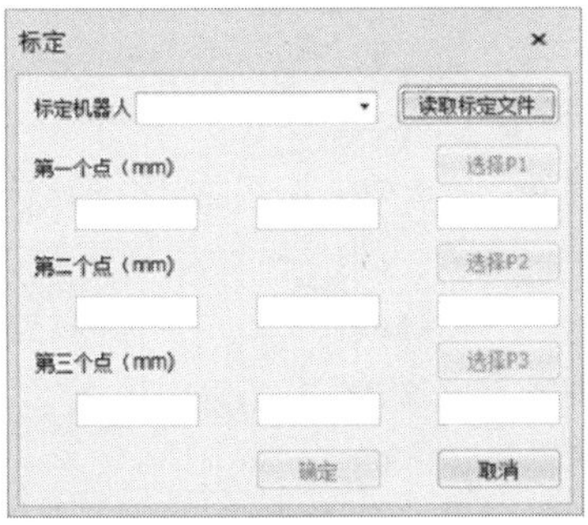	单击“读取标定文件”按钮（该文件一共有 9 个数值，记录了模型在实验台中对应的实际 XYZ 值，需要手动移动实训平台机器人来确定数值）

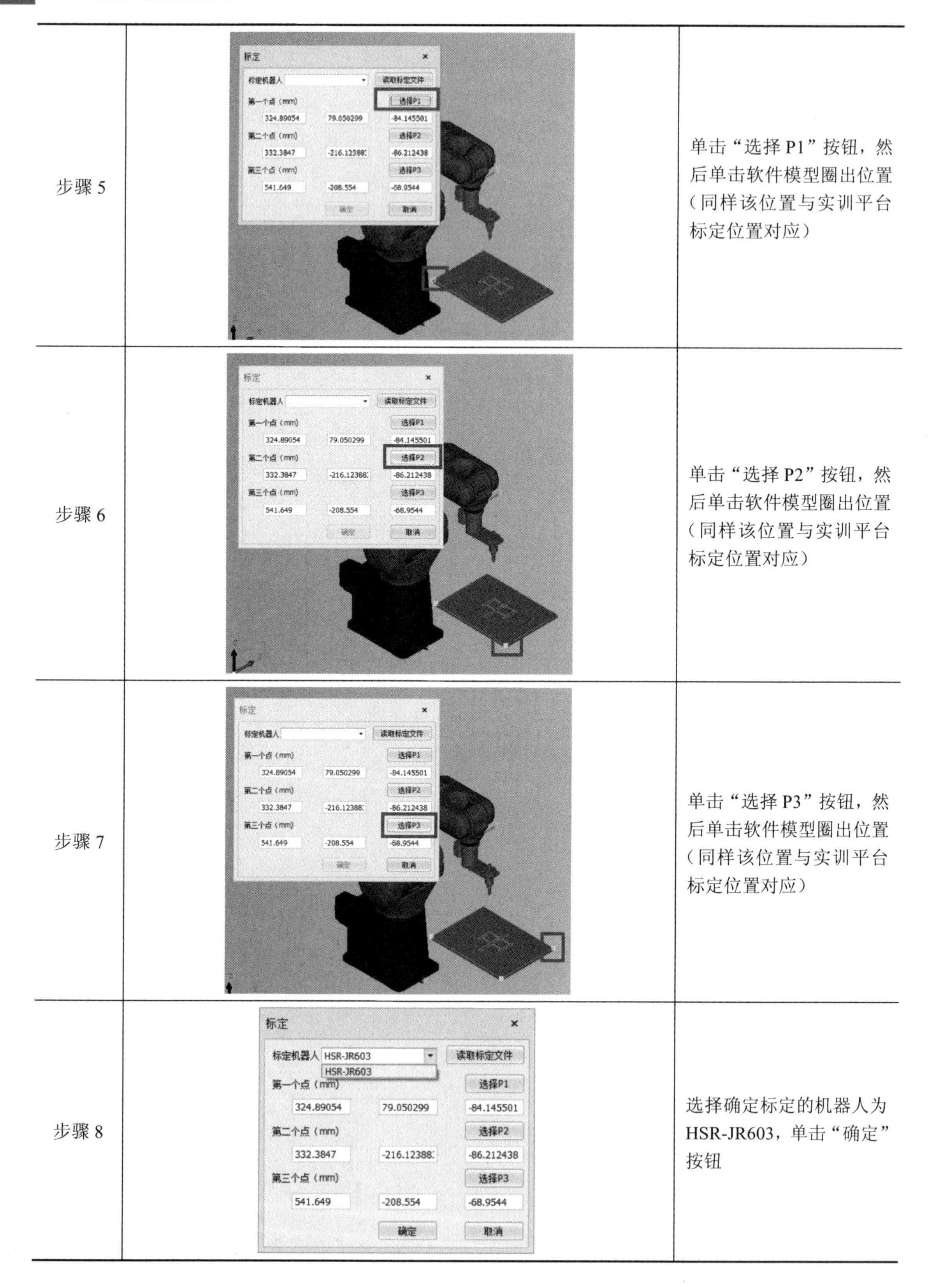

步骤	图示	说明
步骤 5		单击“选择 P1”按钮，然后单击软件模型圈出位置（同样该位置与实训平台标定位置对应）
步骤 6		单击“选择 P2”按钮，然后单击软件模型圈出位置（同样该位置与实训平台标定位置对应）
步骤 7		单击“选择 P3”按钮，然后单击软件模型圈出位置（同样该位置与实训平台标定位置对应）
步骤 8		选择确定标定的机器人为HSR-JR603，单击“确定”按钮

步骤 9		zhong 字模型旋转至与实训平台一模一样的位置

8.3.4 写字编程与仿真

在导入机器人、机器人工具和机器人工作模型后，机器人工作环境已经基本搭建完毕，下面完成工业机器人写字编程与仿真，见表 8-4。

表 8-4　工业机器人写字编程与仿真

序号	操作界面	操作内容
步骤 1		选择导航栏中的“工作站”，右击“工序组”并选择“创建操作”
步骤 2		在弹出的“创建操作”对话框中单击“确定”按钮

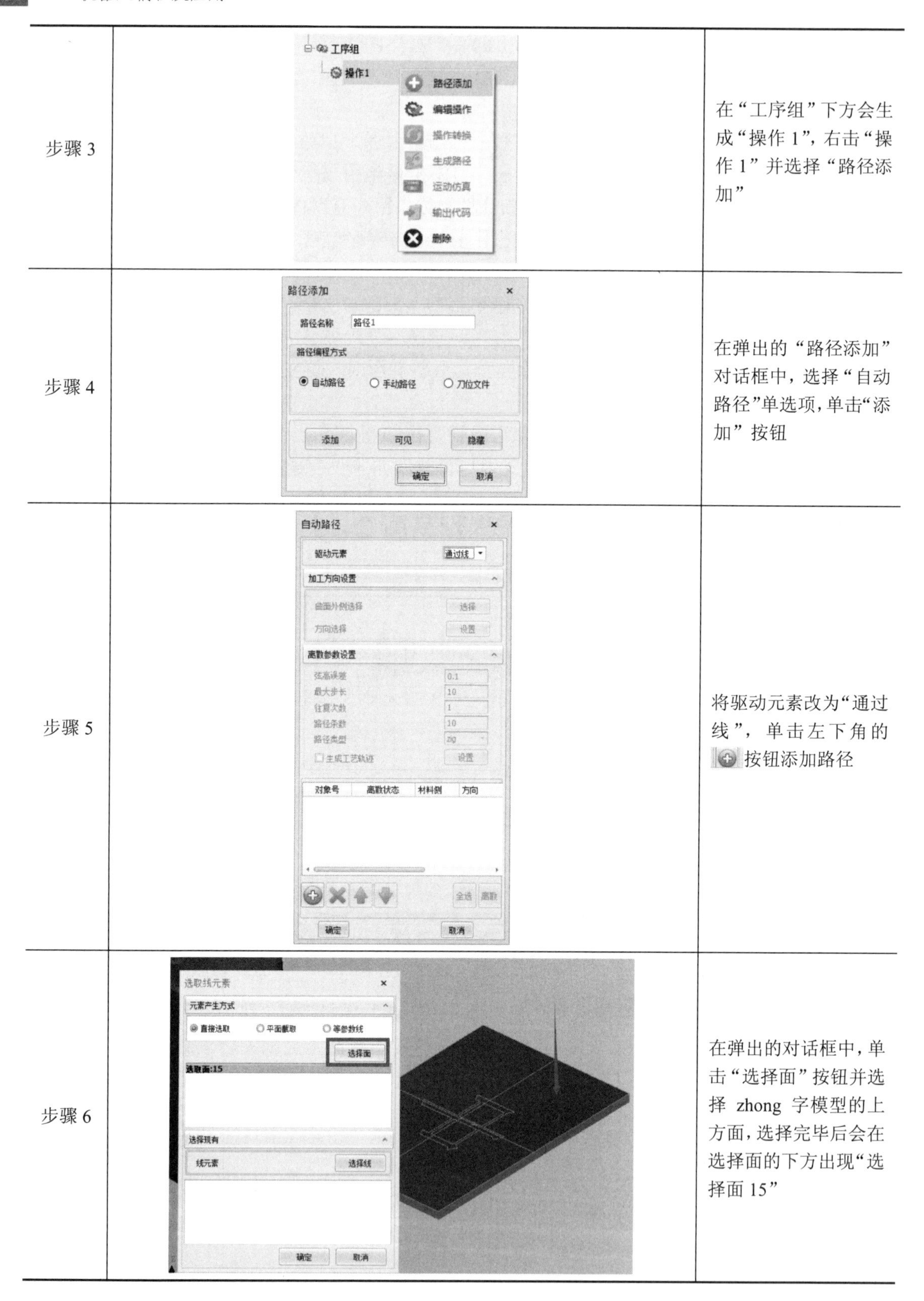

步骤 3		在“工序组”下方会生成“操作 1”，右击“操作 1”并选择“路径添加”
步骤 4		在弹出的“路径添加”对话框中，选择“自动路径”单选项，单击“添加”按钮
步骤 5		将驱动元素改为“通过线”，单击左下角的 按钮添加路径
步骤 6		在弹出的对话框中，单击“选择面”按钮并选择 zhong 字模型的上方面，选择完毕后会在选择面的下方出现“选择面 15”

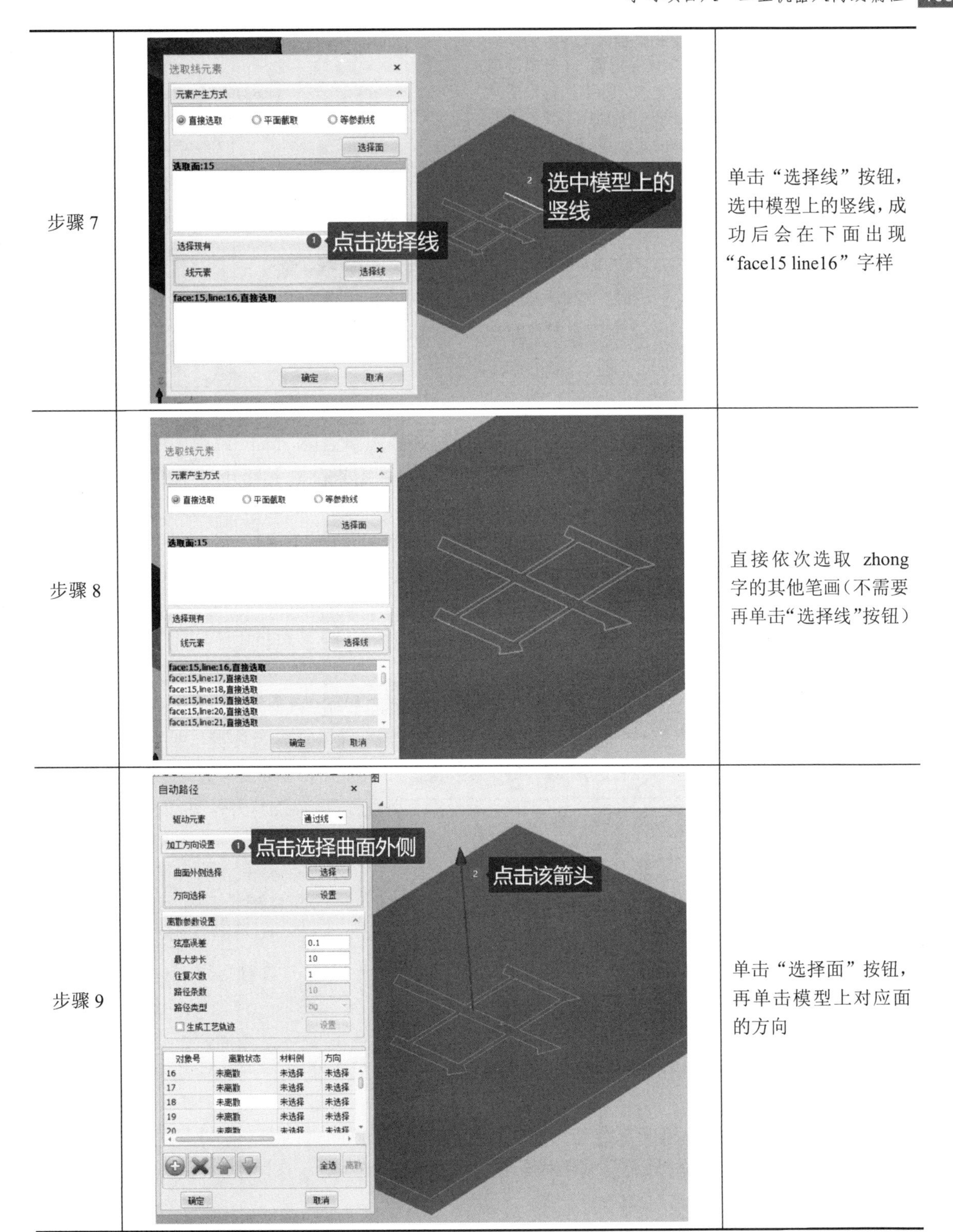

步骤	说明
步骤 7	单击“选择线”按钮，选中模型上的竖线，成功后会在下面出现“face15 line16”字样
步骤 8	直接依次选取 zhong 字的其他笔画（不需要再单击“选择线”按钮）
步骤 9	单击“选择面”按钮，再单击模型上对应面的方向

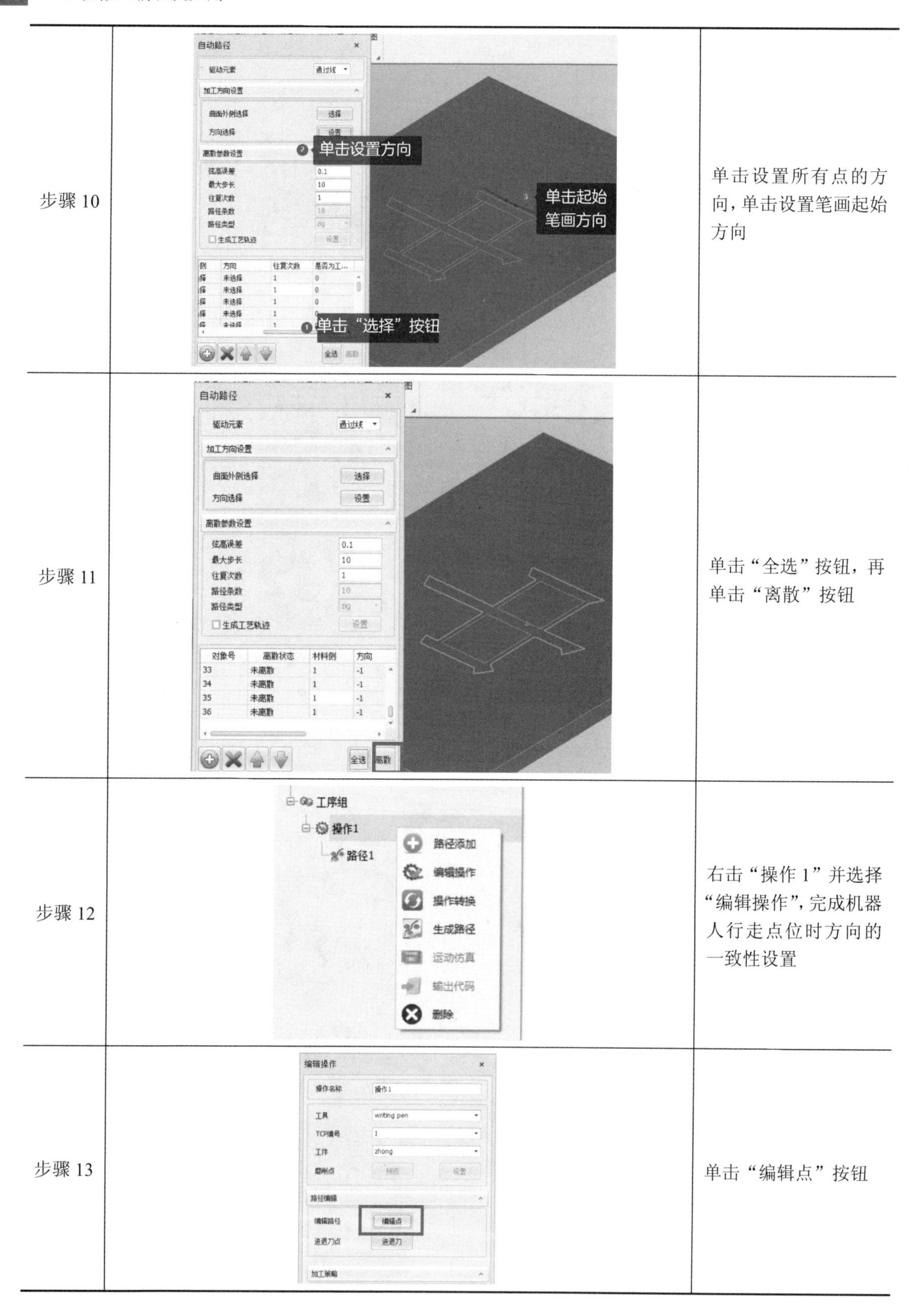

步骤	图示	说明
步骤 10		单击设置所有点的方向，单击设置笔画起始方向
步骤 11		单击“全选”按钮，再单击“离散”按钮
步骤 12		右击“操作 1”并选择“编辑操作”，完成机器人行走点位时方向的一致性设置
步骤 13		单击“编辑点”按钮

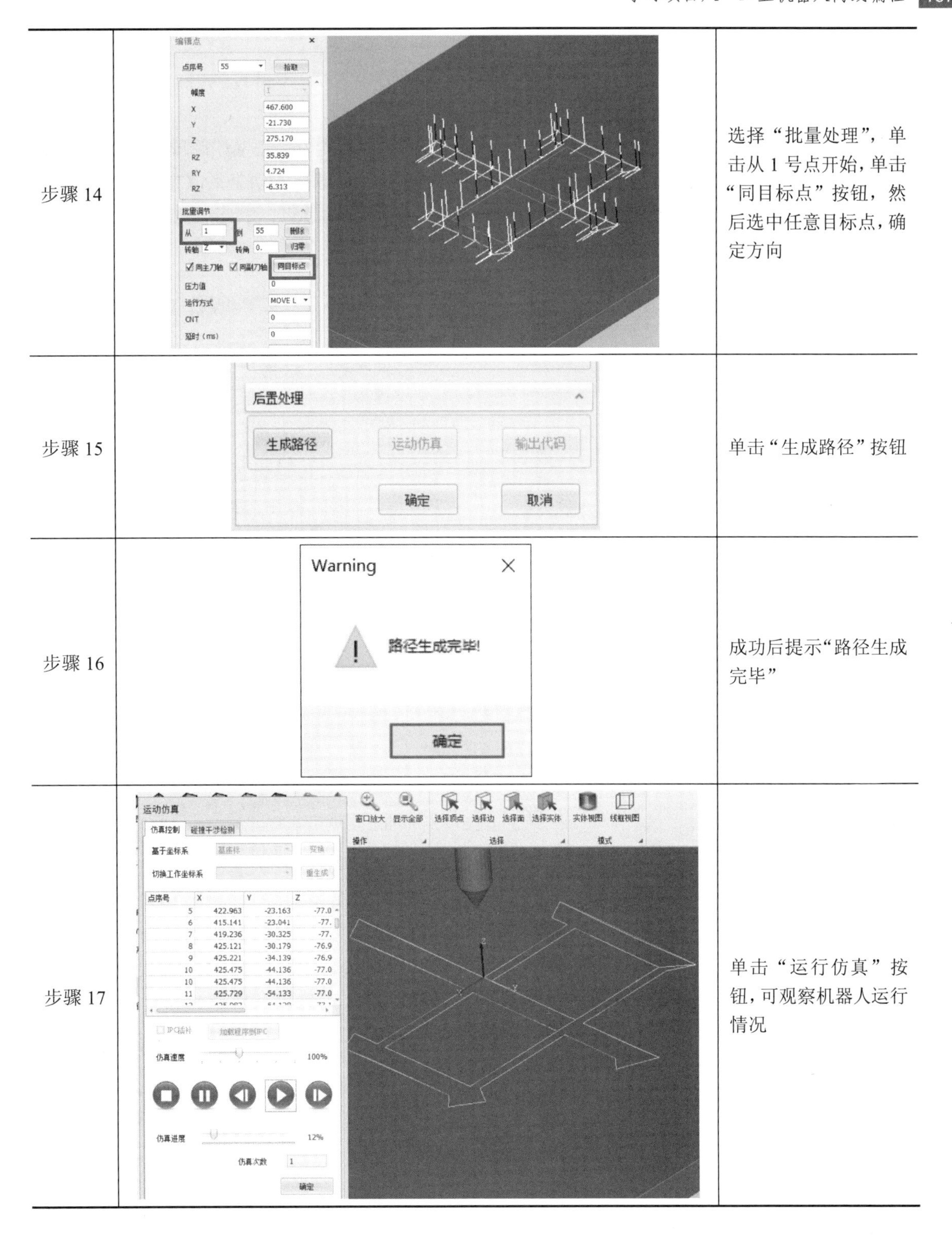

步骤	图示	说明
步骤 14		选择“批量处理”，单击从 1 号点开始，单击“同目标点”按钮，然后选中任意目标点，确定方向
步骤 15		单击“生成路径”按钮
步骤 16		成功后提示“路径生成完毕”
步骤 17		单击“运行仿真”按钮，可观察机器人运行情况

8.3.5 离线代码输出

操作、示教操作和码垛操作都具有输出机器人代码的功能。示教操作和码垛操作在路径点添加完成之后可以输出机器人代码，离线操作需要在生成路径成功之后才能输出机器人代码。满足前提条件的情况下，选中需要输出机器人代码的操作节点，右击“输出代码”，弹出输出机器人代码功能界面，如图 8-22 所示。

图 8-22 输出代码界面

在弹出的代码输出界面中列举了工程中的所有操作及详细信息，选中需要输出代码的操作，输出控制代码类型有实轴和虚轴两种。选择输出代码的保存路径及名称，单击“输出控制代码”按钮即可将代码输出到用户设置的路径，单击“阅读控制代码”按钮可直接将已生成的代码文件打开进行查看。

注意：代码下载到示教器前还需要添加工具坐标系指令，选择实训平台标定的工具号。本项目写字应用还可以增加抬笔和回原点等优化指令。

任务实施

<table>
<tr><td>项　　目</td><td colspan="6">工业机器人离线编程</td></tr>
<tr><td>学 习 任 务</td><td colspan="4">任务 8.3：工业机器人离线写字应用</td><td>完成时间</td><td></td></tr>
<tr><td>任务完成人</td><td>学习小组</td><td></td><td>组长</td><td></td><td>成员</td><td></td></tr>
<tr><td colspan="7">1．说明完成离线写字应用的步骤。</td></tr>
<tr><td colspan="7">2．说明离线写字编程中遇到的问题和解决办法。</td></tr>
<tr><td colspan="7">3．说明输出代码下载到实训平台中能否可用，有哪些问题及其解决办法。</td></tr>
</table>

参考文献

[1] 邢美峰．工业机器人操作与编程[M]．北京：电子工业出版社，2016．
[2] 叶伯生．工业机器人操作与编程[M]．武汉：华中科技大学出版社，2019．
[3] 华数示教器 HSpad 使用说明书．
[4] 胡月霞．工业机器人拆装与调试[M]．北京：中国水利水电出版社，2019．
[5] 卢玉锋．工业机器人技术应用[M]．北京：中国水利水电出版社，2019．
[6] 陈小艳．工业机器人现场编程[M]．北京：高等教育出版社，2017．
[7] 张春芝．工业机器人操作与编程[M]．北京：高等教育出版社，2018．
[8] 双元教育．工业机器人现场编程[M]．北京：高等教育出版社，2018．
[9] 李荣雪．焊接机器人编程与操作[M]．北京：机械工业出版社，2018．
[10] 叶晖．工业机器人实操与应用技巧[M]．北京：机械工业出版社，2010．
[11] 张光耀，王保军．工业机器人基础[M]．武汉：华中科技大学出版社，2019．
[12] 谭智．工业机器人技术[M]．武汉：湖南师范大学出版社，2018．
[13] 杨威，孙海亮，等．工业机器人技术及应用[M]．武汉：华中科技大学出版社，2019．